· 高等职业教育建筑设计类专业精品教材 ·

U0812720

Foundation of Architectural Decoration Design

建筑装饰设计基础

主　编　刘小峰　李　露
副主编　周子良　马　楠

中国轻工业出版社

图书在版编目（CIP）数据

建筑装饰设计基础 / 刘小峰，李露主编．—北京：中国轻工业出版社，2024.2

ISBN 978-7-5184-2874-8

Ⅰ．①建… Ⅱ．①刘…②李… Ⅲ．①建筑装饰—建筑设计—高等职业教育—教材 Ⅳ．①TU238

中国版本图书馆CIP数据核字（2020）第019845号

责任编辑：李　红　　责任终审：孟寿萱

整体设计：锋尚设计　责任校对：晋　洁　　责任监印：张京华

出版发行：中国轻工业出版社（北京鲁谷东街5号，邮编：100040）

印　　刷：艺堂印刷（天津）有限公司

经　　销：各地新华书店

版　　次：2024年2月第1版第3次印刷

开　　本：889×1194　1/16　印张：7.75

字　　数：200千字

书　　号：ISBN 978-7-5184-2874-8　定价：49.80元

邮购电话：010-85119873

发行电话：010-85119832　010-85119912

网　　址：http://www.chlip.com.cn

Email：club@chlip.com.cn

240230J2C103ZBW

前言

PREFACE

习近平总书记在党的二十大报告中指出：必须坚持在发展中保障和改善民生，鼓励共同奋斗创造美好生活，不断实现人民对美好生活的向往。坚持人民城市人民建、人民城市为人民，提高城市规划、建设、治理水平，加快转变超大特大城市发展方式，实施城市更新行动，加强城市基础设施建设，打造宜居、韧性、智慧城市。

建筑是人们生活、工作、学习、娱乐的场所，是城市发展的基础和灵魂。作为建筑装饰设计师肩负着创造美好空间环境、改善人类生活质量的重任。建筑装饰设计是一项综合性的工作，需要设计师掌握丰富的知识和技能。而建筑装饰设计基础课程，则是为了让设计师掌握这些基本知识和技能，培养设计师的创造力和审美能力，为今后的建筑设计工作打下坚实的基础。

建筑装饰是通过工艺和技术手段对建筑物进行美化和完善，使其更加符合人们的审美和使用需求。建筑装饰是建筑艺术的重要组成内容。在古典建筑中，装饰注重表现力和记忆性，故装饰范围和表现形式显得更为广泛和多样。然而，随着现代建筑构造、材料和施工技术的变革，建筑装饰的内容和形式相应地有所减少。因此，有人提出了取消装饰的主张，更有人称装饰为“罪恶”。这些现象的出现，都源于对装饰的片面理解。

装饰一词，虽有修饰、打扮的意思，但它又不同于一般的艺术表现。装饰的适用性和工艺性，决定着它存在的重要性和价值。对装饰工程的认识，也有一个发展过程。以往，人们把装饰工程定位于对建筑物结构表面的抹灰、饰面、装配玻璃、油漆、粉刷等施工过程。这里含有装饰的意义，但这绝不是装饰工程的全部含义。抹灰、装玻璃、涂油漆是建筑施工不可缺少的过程，装饰工程远不局限于这些方面。建筑装饰有其广泛的内容，它包含环境的艺术处理，其中有装饰雕塑、各类建筑装饰小品、园林规划及景点的艺术设计，展览会的总体规划及艺术设计，各类商业设施的装潢设计等。

为了打造卓越的建筑装饰设计和装饰工程，提高设计综合艺术修养和科技水平是十分必要的。只有这样，才能把握准确的装饰“度”。适度的装饰，要牢牢地树立环境意识，要有完整的空间概念。适度不仅可以取得良好的装饰效果，同时也可减少投资额度，使建筑更具亲切感和富有生气。

建筑装饰设计与建筑设计是同步进行的，但建筑装饰设计绝不应成为建筑设计的从属。要想摆脱从属地位，装饰必须与建筑的空间乃至局部细节相吻合，并能成为血肉的关系。准确把握空间，是实现完美艺术效果的必要条件，建筑装饰的宏观价值，正在于其空间定位的精确性。

编者

2024.1

目录

CONTENTS

若扫码失败请使用
浏览器或其他应用
重新扫码！

PPT 课件
（扫码下载）

第一章

建筑装饰设计概论

» 学习难度：★★☆☆☆

» 重点概念：建筑装饰、发展趋势、新型模式

» 章节导读：建筑装饰是以美化建筑及建筑空间为目的的行为，建筑装饰具有保护建筑结构构件，美化建筑及建筑空间，改善建筑室内外环境，创造建筑及建筑空间风格，满足人们物质需要和精神需要或者生理需要和心理需要等诸多功能。

第一节 建筑装饰设计概述和基本内容

一、建筑装饰基本概念

建筑装饰设计就是通过物质技术手段和艺术手段，为满足人们生产、生活活动的物质需求和精神需求而进行的建筑室内外空间环境的创造活动（图1-1）。建筑装饰具有保护建筑结构构件、美化建筑与建筑空间、改善建筑室内外环境、创造建筑与建筑空间风格、满足人们物质需要、空间需要或者生理需要和心理需要等功能。

建筑装饰兼备物质和精神两方面的含义，不是单纯的艺术，也不是单纯的技术，是艺术和技术的结合体，建筑装饰具有与绘画相同的美学原理。建筑装饰受社会制度、生活方式、文化思想、经济条件以及地理、气候、时间和空间等诸多因素的影响和制约，它贯穿于建筑整体环境的设计和建筑的全过程，而不是与建筑分离的、事后的附加点缀。

建筑装饰设计是一个复杂的综合学科，涉及建筑学、社会学、民俗学、心理学、人体工程学、结构工程学、建筑物理以及建筑材料等学科。而且随着时代的发展，其内容和范围也将不断地延伸与扩大。现代建筑装饰设计已发展成为在现代工程学、现代美学和现代生活理念的指导下，通过空间的塑造以提高人们生活境界和文明程度的一种学科，其目的在于增进人类生活的和谐和提高人类生命的价值。

（a）建筑内部

（b）建筑外部

图1-1 建筑内外装饰

补充要点

建筑装饰的作用包括以下几个方面：

（1）强化建筑及建筑空间的性格，使不同类型的建筑各具性格特征。

（2）强化建筑和建筑空间的意境和气氛，使建筑及建筑空间更具有情感和艺术感染力。

（3）弥补结构空间的缺陷与不足，强化建筑的空间序列效果。

（4）美化建筑的视觉效果，给人以直观的视觉美的享受。

（5）保护建筑主体结构的牢固性，延长建筑的使用寿命。

（6）增强建筑的物质性能和设备的使用效果，提高建筑的综合使用效果。

二、建筑装饰设计的发展过程

建筑装饰设计与建筑是密不可分的，因此，建筑装饰设计的发展随着建筑的发展而进步。

1. 中国建筑装饰设计

木材作为中国古代建筑的主要材料，在世界建筑中形成了一个独特的体系。这一体系以其独特的木构架结构方式、卓越的建筑组群布局著称于世，同时也创造了特征鲜明的外观形象和建筑装饰方法。

（1）原始社会。存在穴居和巢居两种原始居住方式，并进一步发展为木骨泥墙建筑和干栏式建筑（图1-2、图1-3），同时，人们也能够对建筑空间进行简单的组织与分隔。在新石器时代后期，人们使用白灰抹地用于防潮，同时获得光洁明亮的效果；还在墙上绘制图案，不仅对建筑物起到一定的装饰作用，还有一定的杀菌作用。

（2）夏、商、周和春秋战国。木构架形式已有雏形（图1-4），瓦片的使用，使建筑从简陋状态进入较为高级的阶段，建筑装饰和色彩也有很大的发展。春秋战国时期，回廊与庭院式布局已经很普遍，同时新建高台建筑，反映了人们对室内外空间的关系已经有了较为明确的认识。西周时，在建筑色彩方面已十分丰富，但是存在严格的等级观念。

（3）秦汉。木构架的主要形式已经形成，斗拱已普遍使用（图1-5），屋顶的形式也多样化，这一时期，中国古建筑的主要特征基本形成，也是我国建筑开始走向成熟的时期，是中国建筑发展史上的第一个高峰期。从出土的瓦当、器皿等实物以及画像石、砖等描绘的窗棂、栏杆等图案来看，当时的室内装饰已经非常精细和华丽；室内家具也非常丰富，床、榻、屏风、几案、箱柜等普遍使用。

图1-2　木骨泥墙建筑模型

图1-3　干栏式建筑

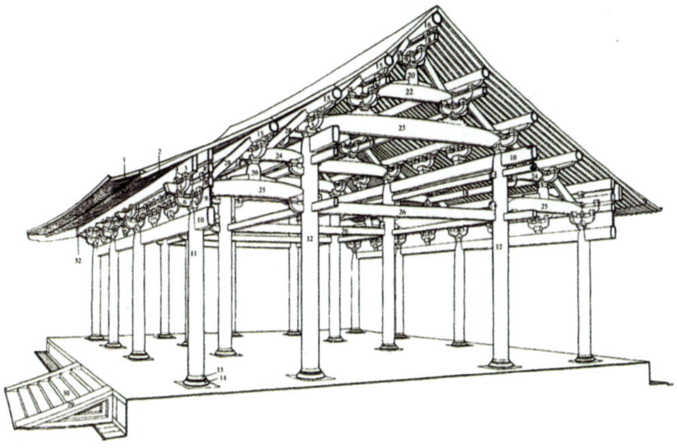

图1-4　木构架形式

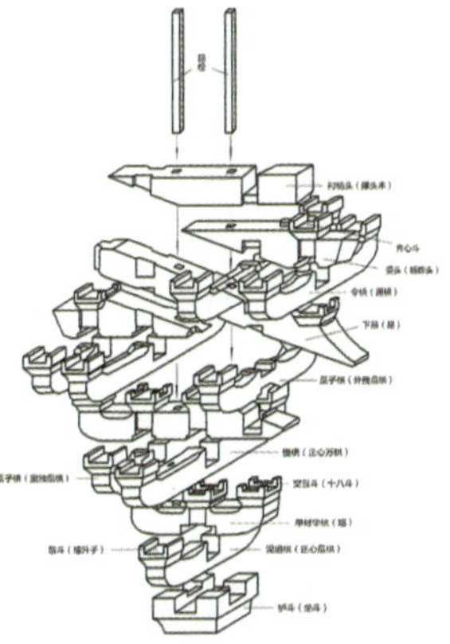

图1-5　斗拱

（4）魏晋南北朝。这一时期，社会生产发展缓慢，建筑上也缺少创造和革新，但由于佛教的传入及佛教建筑的发展，出现了高层佛塔（图1-6），印度、中亚一带的雕刻、绘画艺术也相继出现。

（5）隋唐五代。这是中国木构建筑发展的成熟时期（图1-7），建筑规模宏大、规划严整，建筑群处理也日趋成熟，建筑艺术与结构技术达到了完美的统一。无论是在城市规划，还是宫殿、陵墓、寺庙、桥梁、园林以及住宅的建造上，都达到了前所未有的高度。

图1-6 高层佛塔

图1-7 佛光寺

（6）宋代。工业水平已经有了较大的提高，建筑装饰在色彩方面有较大的发展，宋代开始大量使用格子门、格子窗，门窗格刻有球纹，古钱纹等多种样式，不仅改善了采光条件，还增加了装饰效果。建筑木架部分开始采用各种华丽的彩画，加上琉璃瓦的使用，使建筑外观形象趋于柔和秀丽。在内部装饰上，天花形式发展为大方格的平棊和强调主体空间的藻井，空间分隔多采用木隔扇。由于普遍使用高坐式家具，室内空间也相应扩充。

（7）明清。这是我国古建筑最后的发展时期，木构架建筑重新定型，形象趋于严谨稳重。官式建筑的装饰逐渐定型，如彩画、门窗、隔扇、天花等。建筑色彩由于运用琉璃瓦、红墙、汉白玉台基、青绿点金彩画等鲜明色调而产生强烈对比和极为富丽的效果。

2. 西方古代建筑装饰设计

（1）古希腊时期。古希腊建筑艺术及其建筑装饰已经达到非常高的水平。神庙建筑的发展促使了“柱式”的发展和定型，古希腊的“柱式”不仅是一种建筑部件的形式，更是一种建筑规范的风格，柱式构成的柱廊起到了室内外空间过渡的作用。古希腊建筑中性格鲜明、比例恰当、逻辑严谨的柱式和山花部位的精美雕刻成为主要的外部装饰；其内部装饰也极有特点，如帕提农神庙正殿内的多立克柱廊采用了双层叠柱式（图1-8），不仅使空间开敞，而且将殿内耸立的雅典娜雕塑衬托得更加高大。

（2）古罗马时期。古罗马建筑继承并发展了古希腊建筑的特点，当时的室内装饰已经十分成熟，尤其是壁画，已呈现多种风格，有的在墙和柱面上用石膏仿造彩色大理石板镶拼的效果；有的用色彩描绘具有立体感的建筑形象，从而获得扩大空间的效果；有的则强调平面感和纯净的装饰灯，这些成为当时室内装饰的主要特点（图1-9）。

以古希腊、古罗马为代表的室内装饰设计多以古典柱式以及家具、古瓶桂冠、花饰等构成室内空间的主情调（图1-10）。

图1-8　帕提农神庙

图1-9　罗马斗兽场

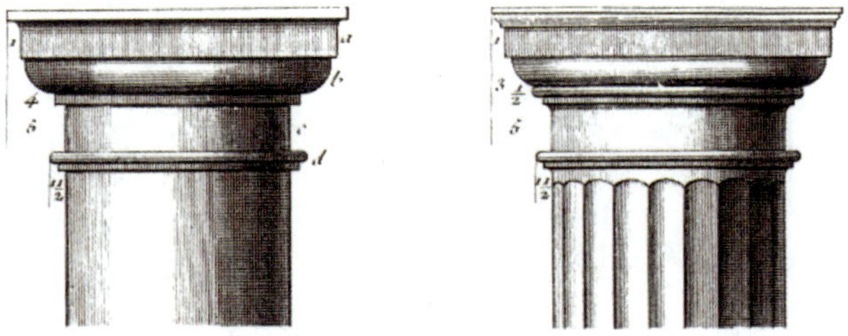

（a）

图1-10（a）：多利克柱式：这是一种没有柱础的圆柱，直接置于阶座上，由一系列鼓形石料一个挨一个垒起来的，较粗壮宏伟。圆柱身表面从上到下都刻有连续的沟槽，沟槽数目的变化范围在16条到24条之间。多利克柱又被称为“男性柱”。著名的雅典卫城的帕提农神庙即采用的是多立克柱式。阿波罗神庙也采用多立克柱式，以青灰色石灰岩作为建筑材料，与周围苍峰、大海、绿树融为一体。

（b）

图1-10（b）：爱奥尼克柱式：这种柱式比较纤细轻巧并富有精致的雕刻，柱身较长，上细下粗，但无弧度，柱身的沟槽较深，并且是半圆形的。上面的柱头由装饰带及位于其上的两个相连的大圆形涡卷组成，涡卷上有顶板直接楣梁。因它给人一种轻松活泼、自由秀丽的女人气质，所以爱奥尼柱又被称为“女性柱”。爱奥尼柱由于其优雅高贵的气质，被广泛应用在古希腊的大量建筑中，如雅典卫城的胜利女神神庙和伊瑞克提翁神庙。

（c）

图1-10　三大柱式

图1-10（c）：科林斯柱式：最早可能出现于雅典奥林匹亚山的宙斯神庙，四个侧面都有涡卷形装饰纹样，并围有两排叶饰，特别追求精细匀称，显得非常华丽纤巧。希腊科林斯柱式的比例比爱奥尼柱更为纤细，柱头是忍冬草形象（或说用毛茛叶作装饰，形似盛满花草的花篮）。相对于爱奥尼克柱式，科林斯柱式装饰性更强，但是在古希腊的应用并不广泛，雅典的宙斯神庙采用的是科林斯柱式。

（3）欧洲中世纪。基督教在欧洲中世纪得到繁荣发展，其建筑装饰主要具有三种不同的建筑风格——拜占庭建筑、罗马建筑和哥特式建筑。拜占庭建筑以华丽的彩色大理石贴面和玻璃马赛克顶画、粉画作为主要室内装饰特色；罗马建筑以典型的罗马拱券结构为基础，创造了高直、狭长的教堂内部空间，强化了空间的宗教氛围；哥特式建筑是在罗马式基础上发展演变而成，它在拱形的基础上进行了变形，成为尖拱，使之成为带有拱柱的框架式。如兰斯大教堂，狭长高耸的中厅空间和嶙峋的骨架结构营造出强烈向上的视觉感受，体现了神圣的基督精神，色彩斑斓的玫瑰窗又为建筑增添了庄严与艳丽（图1-11）。

图1-11　兰斯大教堂

（4）文艺复兴时期。公元15世纪初的文艺复兴运动将建筑装饰推向一个新的高潮。文艺复兴运动强调人权代替神权，倡导人文主义，在雕刻、绘画、建筑等领域取得了辉煌的成就。建筑装饰在古希腊和古罗马的风格上加入东方与哥特式装饰形式，并采用全新的表现手法，将建筑、雕塑、绘画紧密地结合在一起，创造出一种气势稳健又华丽高雅的建筑装饰效果。这一时期，建筑装饰效果最明显的特征是采用古希腊和古罗马时期的柱式构图要素，将人体雕塑、壁画、线形铸铁饰件用于建筑装饰，几何造型也成为装饰主题。这一时期的代表就是圣彼得大教堂（图1-12）。

图1-12　圣彼得大教堂

（5）巴洛克风格。16世纪中期，西方建筑装饰逐渐演变成为巴洛克风格，以浪漫主义精神为基础，在构思上和古典主义的端庄、理智针锋相对，更加倾向于热情、华丽、动态的美感。常用大理石，华丽多彩的织物、地毯，以及金银、宝石等贵重材料作为装饰（图1-13）。巴洛克风格标新立异、追求新奇，使用大量曲线，打破以往建筑严肃端庄的建筑风格。

图1-13　巴洛克风格

（6）洛可可风格。洛可可建筑风格起源于18世纪初的法国，是在巴洛克基础上发展起来的一种纯装饰风格。主要表现在使用草叶、贝壳、棕榈等装饰题材，模仿自然形态。室内墙面常采用嫩绿、粉红、玫瑰红等鲜艳的浅色，顶棚常绘有蓝天白云的图案；墙面镶嵌镜子、悬挂玻璃吊灯，大量运用瓷器装饰，家具精致甚至于烦琐（图1-14）。

图1-14 洛可可风格

（7）18世纪下半叶至19世纪末。这一时期，新古典主义、浪漫主义、折中主义三种形式的复古思潮再次兴起。新古典主义采用古典柱式，提倡自然简洁和理性规则，几何造型再次成为主要装饰形式，并开始追求功能的合理性。浪漫主义以追求中世纪的艺术形式和异国情调为表现形式，尤其以复兴哥特式建筑为主。折中主义没有固定模式，任意模仿历史上的各种风格或自由组合，但是讲究比例，追求纯形式的美。

3. 近现代建筑装饰设计

20世纪初，以格罗皮乌斯为代表的“包豪斯运动”让现代装饰得到了空前的发展。包豪斯学派主张理性法则，强调实用功能，充分体现工业成就，建筑装饰设计也随之以新的理念受到人们的重视，在建筑装饰上追求恰当、适可而止。这一时期，表现主义、风格派等一些富有个性的艺术风格对建筑装饰艺术的变革产生了激发作用。设计思想、创作活动的活跃，以及设计教育的发展，让现代主义设计成为占主导地位的设计潮流。

现代主义设计思想的影响广泛深远。以格罗皮乌斯、密斯·凡·德罗、勒·柯布西耶、赖特为代表的一些具有现代主义设计思想的建筑大师，在建筑和室内设计领域以及家具设计方面做出了卓有成效的贡献。20世纪后期，现代设计不断发展与创新，新的思想理论、新的风格流派不断涌现，建筑装饰也呈现出多元化的发展。

4. 建筑装饰设计的发展趋势

随着社会的发展和科学技术的进步，建筑装饰设计主要表现出以下几个发展趋势：

（1）相对独立性增强。建筑装饰设计作为独立学科，独立性日益增强，同时，与其他多种学科交叉、结合的趋势也日益明显。

（2）多元化发展道路。受当今社会意识形态、文化、生活方式多元化的影响，建筑装饰设计趋向于多层次、多风格的发展趋势。

（3）艺术与技术紧密结合。设计、施工、材料、设施、设备之间的协调和配套关系加强并规范化。

（4）动态发展趋势。为了适应现代社会生活，建筑装饰工程往往需要周期性更新，更新周期短，甚至改变建筑的使用性质。因此，未来装饰设计将在设计、构造、施工方面优先采用标准化构件、拆装方便的构造、装配式施工，以及在作业施工等方面提出更多、更高的要求。

（5）可持续发展趋势。保护人类共同的家园，走可持续发展的道路是当今世界共同的主题。

三、建筑装饰设计的基本内容

建筑装饰设计不但包括构成建筑与使用功能的各种实体要求，还包括影响空间效果的一些视觉要素。一般来说，构成建筑装饰设计的基本要素有以下几个方面。

1. 空间要素

建筑空间可分为外空间与内空间两大部分。由于建筑种类和形式的不同，形成多种多样的室内外空间，从而满足人们不同的活动需要。由于“内”与“外”这样两个相对的概念，内空间和外空间在很多方面表现出极大的对立，但对人来说，它们又都属于活动空间。所以，无论室内空间还是室外空间都是同等重要的，是对立统一的关系。这主要表现在以下两个方面：

（1）建筑物是形成内外空间的手段。在自然空间中，人们为某种目的而用一定的物质材料和技术手段形成建筑物，从自然空间中围合并分隔出室内空间；同时这个建筑实体又是形成外部空间的手段，各种室外空间如院落、街道、广场、庭园等，都是借建筑物的形体而形成的，所以它们有共同的存在基础（图1-15）。

图1-15 加德满都杜巴广场

（2）建筑外部形体是内部空间的反映。内容对于形式的决定作用，空间对于形体的决定作用，是建筑设计的正确指导思想，建筑的外部形体，应是内部空间合乎逻辑的反映，应当根据内部空间的组合情况来决定建筑物的外部体形和样式。对于单个建筑物来说，室外设计必须反映内部空间的内容，要和内部空间协调统一，要体现该建筑物的个性和性格特征。

2. 界面与计数要素

建筑物的室内空间是由地面、立面和顶面等界面围合而成的，装饰设计中通常称之为基界面、垂直界面和顶界面。由于这些界面处在人们的视觉范围之内，对人们的生理机能和心理机能有直接的影响。因此，界面的设计非常重要。一般界面应符合表1-1的要求。

3. 色彩与质感要素

形成空间的地面、立面和顶面都是由物质材料做成的。它们必然有其色彩和质感，在建筑艺术中，色彩是建筑造型中最容易创造气氛和传达情感的要素，因而也是重要的造型手段之一。利用色彩的冷暖、明暗、进退、轻重感来丰富、统一、完善、建造、加强建筑艺术的表现力。

4. 家具与陈设要素

家具，作为室内装饰功能的主要构成因素和体现者，是建筑空间环境设计的重要组成部分。家具自产生以来就与人们的起居生活、工作活动和传统文化息息相关，因而被视为社会物质文化的组成部分，它不但反映一个国家的物质技术生产水平，同时也折射出一个国家或民族的历史特点和文化传统。

5. 光影要素

光与影本身就是一种特殊的艺术，光的照射产生影，光移影动，这种艺术魅力是难以用言语来形容的，光的色彩、影的造型与建筑的融合使得建筑艺术更具独特的表现，建筑在光影的变换中有了立体生动的造型效果。例如，带有立体花纹的砖墙，在阳光树影的作用下会显得凹凸有致，并产生深浅

表1-1 建筑界面装饰要求

界面要求	
耐久性及使用年限	耐潮及防火性能
无毒	无害的核定放射剂
易于制作安装和施工，便于更新	必要的隔热保温、隔声、吸声性能
装饰及美观要求	相应的经济要求

变化，颇具特色。为了得到独特的光影表现形式，用泛光照明处理建筑物在夜间的观赏效果，也成为一种广泛应用的手法。

6. 绿化要素

绿色植物，作为自然环境的主要构成要素，是人类生存环境中必不可少的组成部分。将绿色植物引进建筑室内外之中，既可以提高环境质量，又能满足人的心理要求。因此，绿化设计已成为建筑装饰设计的一个重要组成部分，它主要是利用园林常见的手段和方法，组织、完善、美化建筑内外空间，协调人与环境的关系，使人既不觉得被包围在钢筋水泥的建筑空间而与自然产生距离感，也不觉得像在室外，因失去建筑的庇护而产生不安全感。所以，通过室内绿化的合理配置，可很好地解决人与建筑与自然环境的关系。

四、建筑装饰设计的分类

1. 按照装饰空间位置分类

建筑装饰设计按空间位置可分为室内建筑装饰和室外建筑装饰，室外建筑装饰设计又可分为建筑外部装饰设计和建筑外部环境设计。

2. 按建筑装饰内容分类

建筑装饰设计按其内容可分为主体结构装饰设计、家具与室内陈设设计、纺织品设计、色彩设计、装饰照明设计、绿化与小品设计等，其中主题结构装饰设计主要包括地面、墙面（隔断）、天花的装饰设计。

3. 按建筑类型分类

根据建筑类型的不同，建筑装饰设计可分为居住类装饰设计和公共类装饰设计（图1-16）。

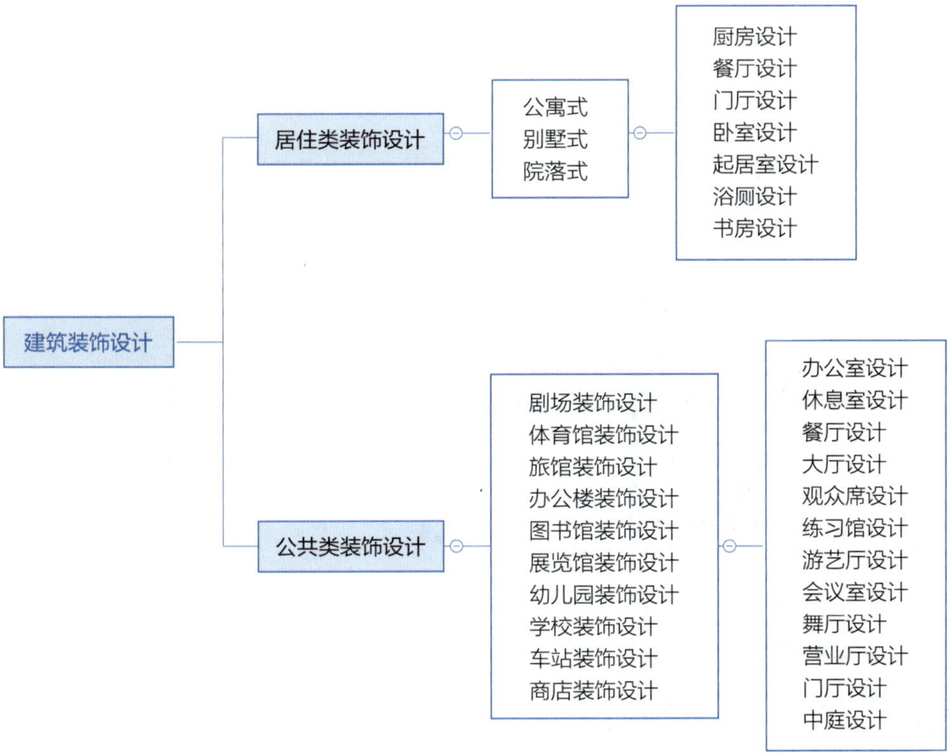

图1-16 建筑装饰按类型分类

第二节　建筑装饰设计要点

建筑空间是由地面、墙面、顶面的围合限定而成，从而确定了建筑空间的大小和形状。进行建筑空间装饰的目的是创造适用、美观的建筑空间环境，建筑空间的地面和墙面是衬托人和家具、陈设的背景，而顶面的差异使建筑空间更富有变化。

一、基面装饰——楼地面装饰

基面，在人们的视域范围中是非常重要的，楼地面和人接触较多，视距又近，而且处于动态变化中，是建筑装饰的重要因素之一。基面的形式各种各样，种类较多，如：木质地面、块材地面、水磨石地面、塑料地面、水泥地面等，图案式样繁多，色彩丰富，设计时要同整个空间环境相一致，以达到良好的效果（图1-17）。

二、墙面装饰

室内空间视觉范围中，墙面和人的视线垂直，处于最为明显的地位，同时墙体是人们经常接触的部位，所以墙面的装饰对于建筑设计具有十分重要的意义，要满足以下设计原则。

1. 整体性

进行墙面装饰时，要充分考虑与室内其他部位的统一，要使墙面和整个空间成为统一的整体。

2. 物理性

墙面在建筑空间中面积较大，地位较重要，要求也较高，对于建筑空间的隔声、保暖、防火等的要求因其使用空间的性质不同而有所差异，如宾馆客房，要求高一些，而一般单位食堂，要求低一些。

3. 艺术性

在建筑空间里，墙面的装饰效果，对渲染美化建筑空间环境起着非常重要的作用，墙面的形状、分划图案、质感和空间气氛有着密切的关系，为创造建筑空间的艺术效果，墙面本身的艺术性不可忽视。

墙面装饰形式的选择要根据上述原则而定，形式大致有以下几种：抹灰装饰、贴面装饰、涂刷装饰、卷材装饰。卷材装饰，随着工业的发展，可用来装饰墙面的卷材越来越多，如：塑料墙纸、墙布、玻璃纤维布、人造革、皮革等，这些材料的特点是在工厂生产加工成卷材再拿到施工现场铺装，

（a）

（b）

图1-17　楼地面装饰

其使用面广、灵活自由、色彩品种繁多、质感良好、施工方便、价格适中、装饰效果丰富多彩等是建筑设计中大量采用的方法（图1-18）。

三、天花装饰

天花是建筑装饰的重要组成部分，也是建筑空间装饰中最富有变化，引人注目的界面，其透视感较强，通过不同的处理，配以灯具造型能增强空间感染力，使顶面造型丰富多彩，新颖美观（图1-19）。

首先要注重整体环境效果。天花、墙面、基面共同组成室内空间，共同创造建筑空间环境效果，设计中首先要注意三者的协调统一，在统一的基础上各具自身的特色。其次，顶面的装饰应满足适用美观的要求。一般来讲，建筑空间效果应是下重上轻，所以要注意顶面装饰力求简洁完整，突出重点，同时造型要具有轻快感和艺术感。最后，顶面的装饰应保证顶面结构的合理性和安全性，不能单纯追求造型而忽视安全。

（a）

（b）

图1-18 墙面装饰

（a）

（b）

图1-19 天花装饰

第三节 建筑装饰设计程序

建筑装饰设计程序一般可分为设计前期阶段、方案设计阶段、施工图设计阶段、设计施工阶段和施工监理阶段。

1. 设计前期阶段

设计前期阶段的工作主要是为了了解建设方的意向，分析、明确设计任务和要求，现场考察、搜集资料，确定设计思路等。

（1）必须详细了解建设方对设计的要求，包括设计的功能要求、使用对象、级别档次、投入资金、风格、形式、设计期限等。

（2）分析、明确设计任务和要求，掌握所要解决的问题和设计目标。如设计任务中的使用性质、功能特点、设计规模、总造价、等级标准以及所需创造的空间环境和艺术风格等。

（3）现场考察。到现场了解地形、地貌和建筑周围的自然环境及地理状况，进一步了解建筑的性质、功能、造型特点和建筑风格。对于有特殊使用要求的空间，要进行具体调查，确保设计准确。

（4）设计基础资料的收集，包括项目所处的环境、自然条件、场地关系、建筑施工图纸、建筑施工情况。在没有图纸的情况下，必须深入了解该建筑的修建年代、结构方式、局部构造等。同时，必须对当地建筑材料的品种、质量和价格有所了解。

2. 方案设计阶段

方案设计包括方案构思、方案深化、绘制图纸、方案评价优选等。

（1）方案构思，是在设计前期进行的创作过程，包括目标定位、技术定位、人机界面定位、预算定位等，在设计工程中需要绘制出平面设计方案与空间透视设计方案（图1-20）。

（2）方案深化，是在明确的方案构思基础上，对平面布置的关系，空间的处理以及材料的选用，对家具、照明和色彩等，做出进一步的考虑，以深化设计构思。需要设计出各种平面图、立面图、效果图等（图1-21、图1-22）。

（3）方案评价优选，对不同构思的几个方案，

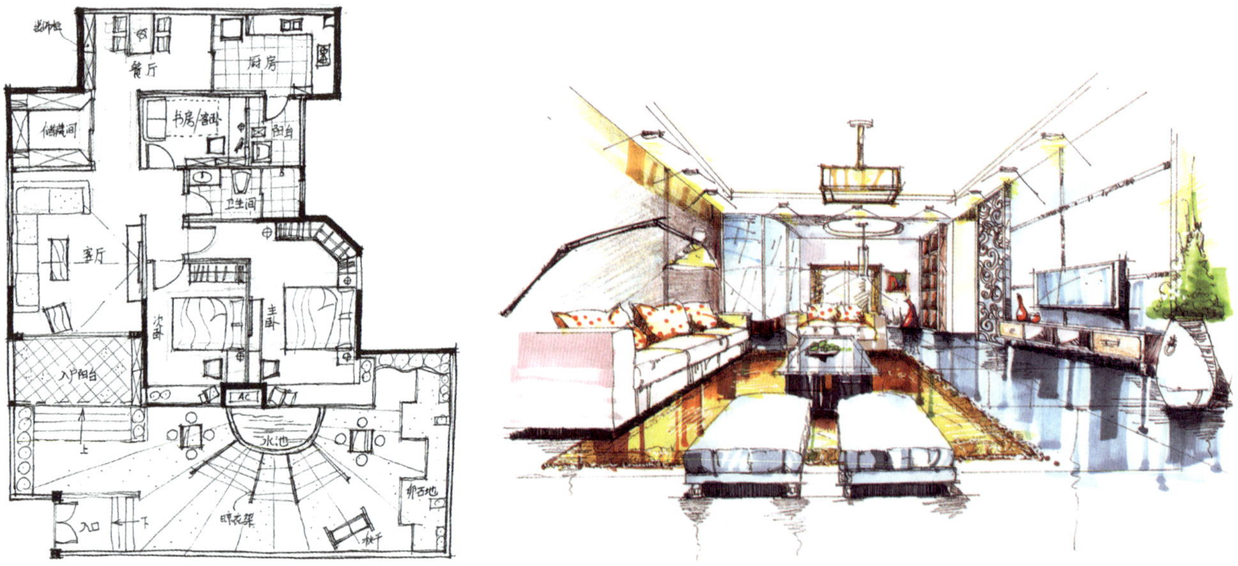

（a）平面设计方案

（b）空间透视设计方案

图1-20 方案设计

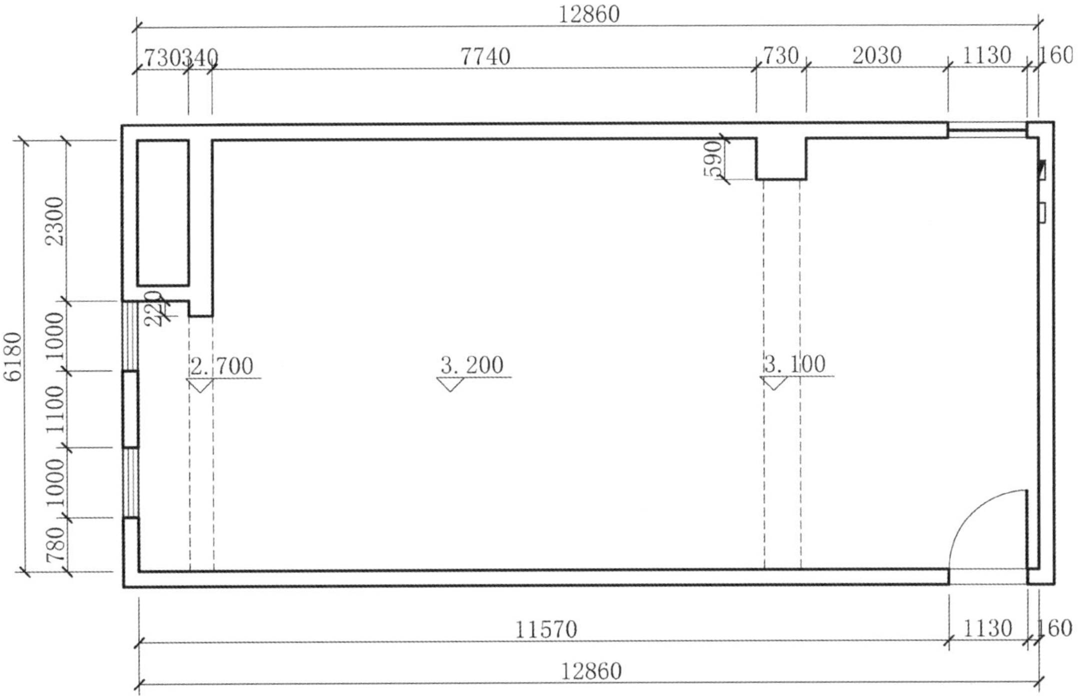
12860
730
340
7740
730
2030
1130
160
590
2300
220
6180
1000
1100
1000
780
2.700
3.200
3.100
11570
1130
160
12860

（a）

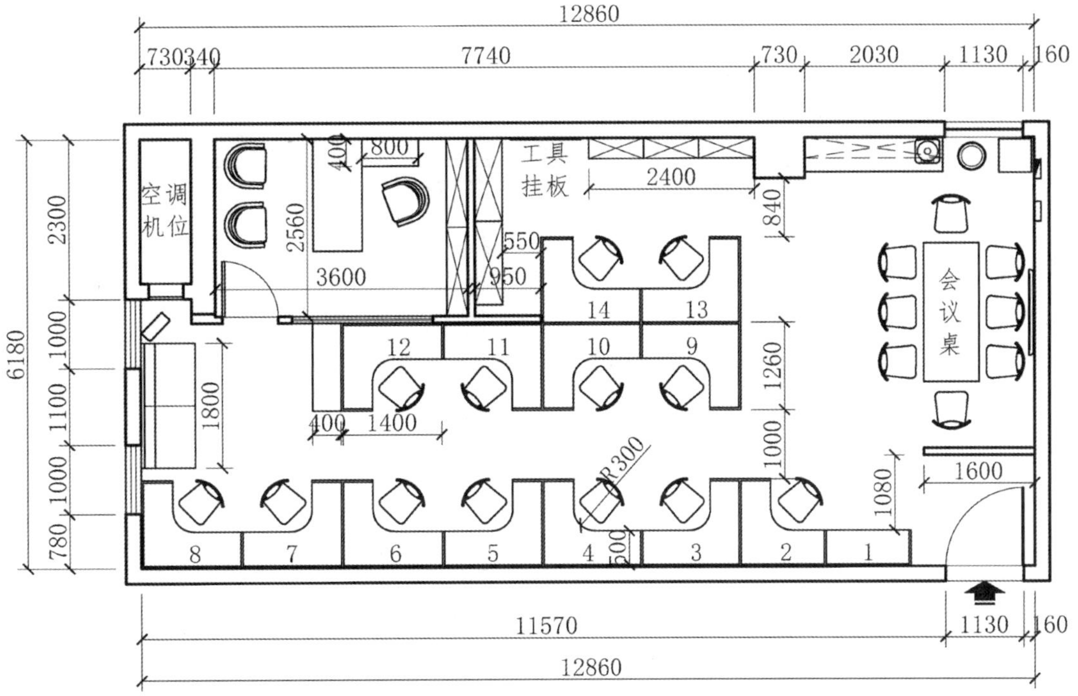
12860
730
340
7740
730
2030
1130
160
空调
机位
400
800
2560
3600
工具
挂板
2400
840
550
950
会
议
桌
14
13
12
11
10
9
1260
1800
400
1400
1000
R300
1600
1080
8
7
6
5
4
500
3
2
1
2300
6180
1000
1100
1000
780
11570
1130
160
12860

（b）

图1-21　平面图

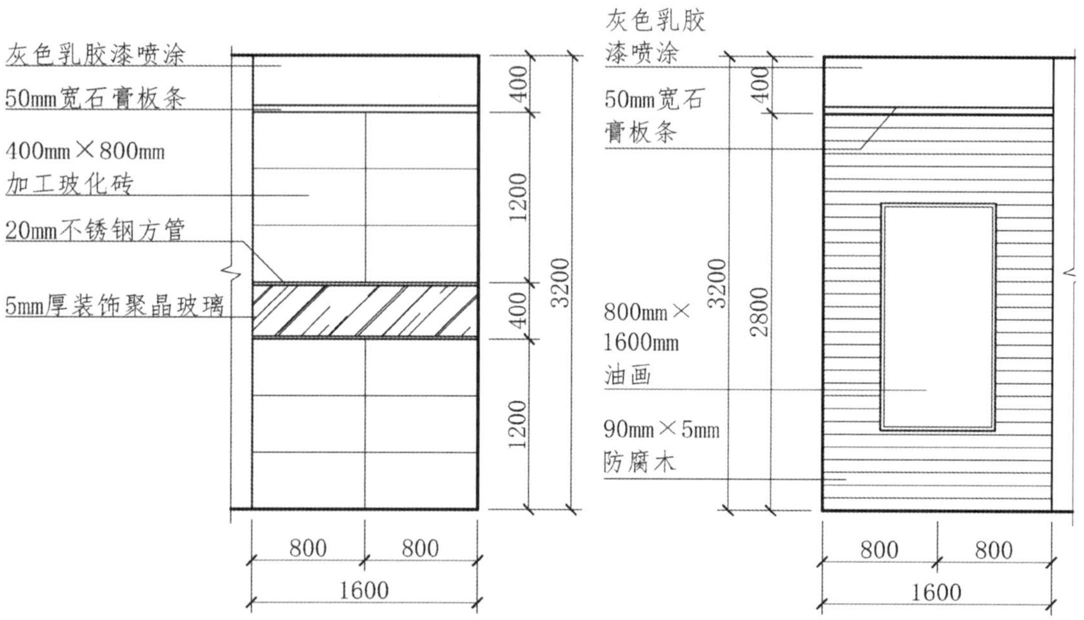
灰色乳胶漆喷涂
50mm宽石膏板条
400mm×800mm
加工玻化砖
20mm不锈钢方管
5mm厚装饰聚晶玻璃
400
1200
400
1200
3200
800
800
1600
灰色乳胶
漆喷涂
50mm宽石
膏板条
800mm×
1600mm
油画
90mm×5mm
防腐木
400
3200
2800
800
800
1600

(a)

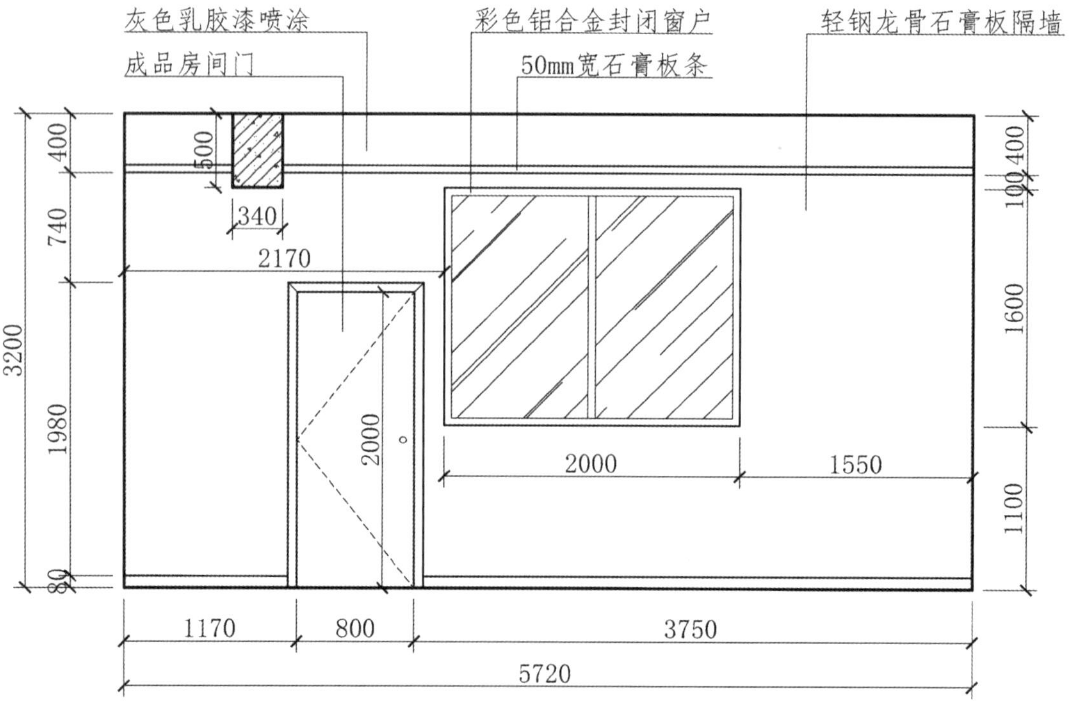
灰色乳胶漆喷涂
成品房间门
彩色铝合金封闭窗户
50mm宽石膏板条
轻钢龙骨石膏板隔墙
400
740
1980
80
3200
500
340
2170
2000
2000
1550
400
100
1600
1100
1170
800
3750
5720

(b)

图1-22 立面图

进行功能、美学，以及经济方面的比较，以确定正式实施的方案。

3. 施工图设计阶段

施工图设计阶段是按照国家有关绘图要求，对初步设计进一步完善、补充、深化和细化，如设计节点详图、细部大样图及设备管线图等，并编制施工说明，包括深化完善设计方案、与各相关专业的协调，以及完成建筑装饰设计施工图三部分的内容。

方案设计完成后，应与水、电、暖、通等专业共同协调，确定相关专业的平面布置位置、尺寸、标高及做法要求，使之成为施工图设计的依据。

4. 设计施工阶段

设计施工阶段的主要任务是：在施工前，设计人员应及时向施工单位介绍施工意图，解释设计说明及图样的技术交底；在施工阶段，要按照设计图样进行核对，并根据现场实际情况进行设计的局部修改和补充；施工结束后，应协同质监部门和建设单位进行工程验收。

5. 施工监理阶段

在建筑装饰工程整个施工过程中，设计人员应与监理单位代表一起做好施工监理工作。

施工监理工作的主要内容包括对施工方在用材、设备选订、施工质量等方面实行监督，完善设计图纸中未完成部分的构造做法，处理各专业设计在施工过程中产生的矛盾，完成局部设计的变更或修改，按阶段检查工程质量，并参与工程竣工验收工作。

第四节　设计案例：幼儿园设计（扫码下载案例）

案例二维码

本章小结

本章主要介绍了建筑装饰设计基础、建筑装饰的设计方法与设计程序以及人体工程学三部分内容。在各种建筑装饰设计中，设计师要通过多种设计要素的综合运用，创造出满足不同功能与需求的建筑空间。建筑装饰的设计方法要在遵循设计原则的基础上，按照特定的程序进行设计。同时，在建筑装饰设计中需要运用人体工程学的知识，从而获得舒适理想的空间环境。

课后练习

1. 建筑装饰设计的目的是什么？
2. 建筑装饰设计应注意哪几个问题？
3. 建筑装饰设计方案的设计阶段包括哪些内容？
4. 建筑装饰设计的原则是什么？
5. 建筑装饰设计包括哪些设计要素？
6. 考察当地革命纪念馆，指出建筑外墙装饰的造型元素，将其归纳记录下来，并写一篇500字以上的考察报告。

第二章

建筑装饰空间设计

PPT 课件
（扫码下载）

» 学习难度：★★★★☆

» 重点概念：室内空间、类型、形式美

» 章节导读：与室内装饰、室内陈设相比，空间处理在室内设计中具有先决性的重要地位。通过本章的学习，了解建筑室内空间环境的概念；熟悉建筑空间的类型与其表达的形态心理；掌握室内空间组织设计技法。

第一节　空间的概念

一、室内空间概念

室内空间是人类劳动的产物，是相对于自然空间而言的，是人类有序生活组织所需要的物质产品。室内外空间的关系容易被识别，但对于不具备六面体的围闭空间，可以表现出多种形式的内外空间关系，有时难以在性质上加以区别。但是现实生活告诉我们，一个简单的独柱伞壳，如站台、沿街的帐篷摊位，在一定条件下（主要是高度），可以避免日晒雨淋，在一定程度上达到最原始的基本功能。而徒具四壁的空间，也只能称为“院子”或“天井”而已，因为它们是露天的（图2-1）。由此可见，有无定盖是区别内外部空间的主要标志。

图2-1　天井

室内空间的组织首先应该根据物质功能和精神功能的要求进行创造性的构思，根据当时、当地的环境，结合建筑功能要求进行整体策划，抓住问题关键，内外兼顾，从单个空间的设计到群体空间的组织，要精细构思，使室内空间的组织达到科学性、经济性、艺术性、理性与感性的完美结合，设计出有个性、有特色的空间组合。组织空间离不开结构方案的选择和具体布置，要考虑到室内家具等的布置要求及结构布置对空间产生的影响（图2-2）。

随着社会的发展、人口的增长，可利用的空间趋于减少；空间的价值观念日趋增强。这样，如何合理的组织空间，就成为一个突出的问题。合理利用空间，不仅反映在对内部空间的巧妙组织，而且需要在空间的大小、形状的变化，整体和局部之间达到协调和统一。

二、室内空间特征

室内空间特征有大小、形状、方向、深度、质地、明暗等（表2-1）。

（a）

（b）

图2-2　极简主义办公空间

表2-1 室内空间特征

序号	项目	内容
1	室内空间大小	空间的大小包括几何空间尺度的大小和视觉空间的大小。前者不受环境因素的影响，几何尺寸大的空间显得大，反之，则显小。而视觉空间尺度，无论在室外还是在室内，是由比较而产生的视觉概念
2	室内空间形状	任何一个空间都有一定的形状，一般由基本的几何形经过组合、变异而成。结合室内装修、灯光和色彩设计，可形成丰富多彩的室内空间
3	室内空间方向	通过室内空间各个界面的处理、构配件的设置和空间形态的变化，可使室内空间产生很强的方向感
4	室内空间深度	室内空间深度是指空间底部与顶部的空间距离，其大小会直接影响室内景观的景深和层次
5	室内空间质地	室内空间的质地主要取决于室内空间各个界面的质地。空间质地是各个界面共同作用、互相影响的结果，对室内环境氛围产生很大的影响
6	室内空间明暗	室内空间的明暗主要取决于对室内光环境、色环境，以及各个界面质地的艺术处理

第二节　空间的类型与心理

一、室内空间基本类型

室内空间的类型可以根据不同空间构成所具有的性质和特点来加以区分，以利于在设计组织空间时选择和利用。

1. 开敞与封闭空间

开敞空间和封闭空间是相对而言的，开敞的程度取决于有无侧界面、侧界面的围合程度、开洞的大小及启用的控制能力等。开敞空间和封闭空间也有程度上的区别，如介于两者之间的半开敞和半封闭空间。它取决于房间的使用性质和周围环境的关系，以及视觉上和心理上的需要。

（1）开敞空间。是外向型的，限定性和私密性较小，强调与空间环境的交流、渗透、讲究对景、借景、与大自然或周围空间的融合。它可提供更多的室内外景观和扩大视野。在使用时开敞空间灵活性较大，便于经常改变室内布置。在心理效果上开敞空间常表现为开朗、活跃。在对景观关系上和空间性格上，开敞空间是收纳性的和开放性的（图2-3）。

（2）封闭空间。用限定性较高的围护实体包围起来，在视觉、听觉等方面具有很强的隔离性。心理效果具有领域感、安全感、私密性（图2-4）。

图2-3　开敞空间

图2-4　封闭空间

2. 动态与静态空间

动态空间或称为流动空间，具有空间的开敞性和视觉的导向性，界面组织具有连续性和节奏性，空间构成形式富有变化和多样性，使视线从一点转向另一点，引导人们从“动”的角度观察周围事物，将人们带到一个有空间和时间相结合的“第四空间”。开敞空间连续贯通之处，正是引导视觉流通之时，空间的运动感即在于塑造空间形象的运动性上，更在于组织空间的节律性上（表2-2）。

静态空间一般来说形式相对稳定，常采用对称式和垂直水平界面处理。空间比较封闭，构成比较单一，视觉多被引到一个方位或一个点上，空间较为清晰，明确。静态空间一般来说形式相对稳定，常采用对称式和垂直水平界面处理（表2-3）。

3. 虚拟与虚幻空间

（1）虚拟空间。是指在以界定的空间内通过界面的局部变化而再次限定的空间。由于缺乏较强的限定度，而是依靠“视觉实形”来划分空间，所以也称为“心理空间”。如局部升高或降低地坪和天棚，或以不同材质、色彩的平面变化来限定空间（图2-5）。

（2）虚幻空间。是利用不同角度的镜面玻璃的折射及室内镜面反映的虚像，把人们的视线转向由镜面所形成的虚幻空间。在虚幻空间可产生空间扩大的视觉效果，有时通过几个镜面的折射，把原来平面的物件造成立体空间的幻觉，紧靠镜面的物体，还可把不完整的物件造成完整物件的假象（图2-6）。

表2-2 动态空间的特点

1	利用机械、电器、自动化的设施、人的活动等形成动势
2	组织引人流动的空间序列，方向性较明确
3	空间组织灵活，人的活动线路为多向
4	利用对比强烈的团和动感线性
5	光怪陆离的光影，生动的背景音乐
6	引入自然景物
7	利用楼梯、壁画、家具等使人的活动时停、时动、时静
8	利用匾额、楹联等启发人们对动态的联想

表2-3 静态空间的特点

1	空间的限定度较强，趋于封闭型
2	多为尽端房间，序列至此结束，私密性较强
3	多为对称空间（四面对称或左右对称），除了向心、离心以外，较少其他倾向，达到一种静态的平衡
4	空间及陈设的比例、尺度协调
5	色彩淡雅和谐，光线柔和，装饰简洁
6	实现转换平和，避免强制性引导视线

图2-5 虚拟空间

图2-6 虚幻空间

4. 凹入与外凸空间

（1）凹入空间。是在室内某一墙面或局部角落凹入的空间。是在室内局部退进的一种室内空间形式，特别在住宅建筑中运用比较普遍。由于凹入空间通常只有一面开敞，因此受到干扰较少，形成安静的一角。根据凹进的深浅和面积的大小不同，可以作为多种用途的布置，如在住宅中利用凹入空间布置床位，创造出最理想的私密空间（图2-7）。

（2）外凸空间。凹凸是一个相对的概念，如外凸空间对内部空间而言是凹室，对外部空间而言是凸室。大部分的外凸空间希望将建筑更好地伸向自然、水面，达到三面临空，饱览风光，使室内外空间融为一体。或通过锯齿状的外凸空间，改变建筑朝向方位等。外凸空间在西洋古典建筑中运用得较为普遍，如建筑中的挑阳台、阳光室等都属于这一类（图2-8）。

5. 地台与下沉空间

（1）地台。室内地面局部抬高，抬高地面的边缘划分出的空间称为“地台空间”。由于地面升高形成一个台座，在和周围空间相比时十分醒目突出，为众目所向。因此其性格是外向的，具有收纳性和展示性，处于地台上的人们具有一种居高临下的优越感、视线开阔，趣味盎然，适用于惹人瞩目的展示和陈列或眺望。现代住宅的卧室或起居室可利用地面局部升高的地台布置床位，产生简洁而富有变化的室内空间形态。在设计过程中可降低台下空间，用于储存、通风换气等功能，改善室内环境。一般情况下地台抬高高度为400～500mm（图2-9）。

（2）下沉空间。又称地坑，是将室内地面局部下沉，在统一的室内空间产生出一个界限明确，富于变化的独立空间。由于下沉地面标高比周围要低，因此具有一种隐蔽感、保护感和宁静感，使其成为具有一定私密性的小天地。同时，随着视线的降低，空间感觉增大，对室内景观会产生不同凡俗的变化，适用于多种性质的空间。根据具体条件和要求，可设计不同的下降高度，也可设计围栏保

图2-7　凹入空间

图2-8　外凸空间

图2-9　地台

护，一般情况下，下降高度不宜过大，避免产生进入底层空间或地下室的感觉（图2-10）。

6. 共享空间

共享空间是为适应各种频繁、开放的公共社交活动和丰富多样旅游生活的需要。空间大中有小、小中有大、外中有内、内中有外、相互穿插，融会各种空间形态，变则动、不变则静，单一的空间类型往往是静止的感觉，多样变化的空间形态就会形成动感（图2-11）。

7. 母子空间

母子空间是对空间的二次限定，是在原空间中用实体性或象征性的手法再限定出小空间，将封闭与开敞相结合，在许多空间被广泛采用。通过将大空间划分成不同的小区，增强了亲切感和私密感，更好地满足了人们的心理需要。由于母子空间具有一定的领域感和私密性，大空间相互沟通、闹中取静，较好地满足群体和个体的需要（图2-12）。

8. 交错穿插空间

利用两个相互穿插、叠合的空间所形成的空间，称为交错空间或穿插空间。城市中的立体交通，车水马龙、川流不息，显示出一个城市的活力。现代室内空间设计早已不满足于封闭的六面体和精致的空间形态，在创作中也常见室外空间的城市立交模式引入室内，在分散和组织人流上颇为相宜。在交错穿插空间，人们上下活动交错穿流、俯仰相望、静中有动，不但丰富了室内景观，也确实给室内空间增添了生气和活跃气氛（图2-13）。

9. 灰空间

灰空间又称为模糊空间，其本意是指建筑与其外部环境之间的过渡空间，以达到室内外融和的目的，比如建筑入口的柱廊、檐下等。也可理解为建筑群周边的广场、绿地等。它的界面模棱两可，具有多种功能的含义，空间充满复杂性和矛盾性。灰空间介于两种不同类型的空间之间，如室内、室外；开敞、封闭等。由于灰空间存在不确定性、模糊性、灰色性，从而延伸出含蓄和耐人寻味的意境，多用于处理空间与空间的过渡、延伸等。对于灰空间的处理，应结合具体的空间形式与人的意识感受，灵活运用，创造出人们所喜爱的空间环境（图2-14）。

图2-10 下沉空间

图2-11 共享空间

图2-12 母子空间

图2-13　交错穿插空间

图2-14　灰空间

（a）

（b）

图2-15　上海保利大剧院（安藤忠雄）

图2-15：安藤忠雄设计的上海嘉定保利大剧院在创造出宁静空间氛围的同时，也带来了极富戏剧性的玩味与张力。以其标志性清水混凝土打造的方形体量与圆柱形体量穿插交错，创造出一系列让人惊叹的内部空间。混凝土体量交错穿插，形成了丰富的空间层次，然而笼罩在混凝土之外的通透玻璃幕墙又带来了陌生而让人惊艳的视觉效果。圆柱形体量被细密的木条所覆盖，冲淡了与之相连的巨大大厅空间所带来的令人无助的空旷之感。

二、建筑空间与心理空间

1. 建筑的强迫性

建筑是一种带有强迫性的艺术，它不同于其他艺术品只在固定的场所固定的时间让人视觉可达。建筑存在于人生活的任意范围之中，在城市乡镇村落等，只要有人的地方都有建筑的存在，人们在日常生活中不可避免地要接触到建筑，而正是因为建筑的这一特性，建筑师才不同于艺术家，任何一个建成的建筑都会带有强迫性，强迫使用它的人去接受这个建筑（图2-15）。

2. 建筑空间对心理知觉的影响

人们习惯2.4～3.3m的室内空间，如果突然进入2.1m高度的室内空间，即便正常人身高通常不足这个高度，但人们总会下意识地低头，这就是一种对空间认知经验导致的心理反应。空间尺度并不仅仅取决于人们的生理概念，更多的时候它取决于

图2-16 交往空间

图2-17 具有归属感的空间

一种人们所习惯的心理尺度，在空间问题上，生理和心理应该从一种整体的角度来定义，不能孤立起来考虑。

3. 心理知觉对建筑空间的营造

当建筑空间形态无法满足使用者的需求时，使用者会产生负面情绪。当这种情绪累积到一定程度，就会促进使用者去改造建筑空间，这种改变空间的做法就是一种对张力系统进行松弛的反应。对于私人拥有的场所而言，使用者总会自发的去将空间改造为自己所熟悉和希望的那种面貌，而且随着时间的推移，使用者会不断地改变空间形态以适应当前的心理需求，而这些适应需求的改造过程正是伴随着整个建筑的生命周期的。而对于在建筑生命周期中只能对开端做出限定的建筑师来说，在设计时就应该留出能够灵活改变的可能性，做到“形成空间，留出空间”。

4. 交往活动与空间

设计师必须对场所进行预期的判断。置于开敞空间中央的坐凳，尽管在视觉上能更大程度地观察到周围人的活动，但现实中人们却更多地去选择在开敞空间边缘安置的小凳。同样的例子还有一项对餐厅座椅使用频率的调查：靠近入口的座椅使用频率最低，位于餐厅中央的座位使用频率居中，而靠窗和位于角落的座椅使用频率最高。人们对不同功能的建筑空间有不同程度的心理需求，这就要求设计师在关注建筑本身的同时对空间中人的活动进行更细致的考虑：是巧妙地利用人的“领域感”来限制人们的交往活动从而提供一个相对私密的空间，还是刺激人们交往的兴趣提供一个相对开敞的交往空间（图2-16）。

5. 场所感

场所精神包含着建筑空间中人的生活习俗、情感、记忆、文化等多方面的综合心理因素，也正是如此，每一个建筑空间都是一个在时间上延续的、传承的、具有特征的空间，新建空间必须继承原有空间的重要元素，才能给人们以归宿感。人的知觉是一种主动感知活动，它带有个人的以往经验与欲望，而这种经验与欲望在一定程度上依托于经验中的具象信息——即个人印象中的建筑空间。而建筑空间的营造也必须是带有原居民记忆和地区特点的，以一种原有建筑在时间和空间上延续的姿态而进入原居民的生活，这样的空间才能称为具备归属感的空间（图2-17）。

对于处在空间中的人而言，会对空间产生一定的联想，广场中的一个雕塑，路边的某种植物，都会成为个人对场所归属感的承载物。而在设计过程中，建筑师就应该对该地区人们的习俗、生活状态、文化特征等要素进行深入了解，营造出一个具有可识别性的空间，从而给生活在这个地区的人以一种“归属感”与“领域感”。

第三节 空间构图的形式美法则

形式美是构成事物的物质材料的自然属性及其组合规律（如整齐一律、节奏与韵律等）所呈现出来的审美特性。随着人类文明的发展，建筑早已不只是供人类生存和居住的场所，它可以是一种造型的艺术，一个地域的标志，甚至是一种文化的象征和传承。形式美在建筑空间设计中运用从古代到现代比比皆是，形式美赋予建筑物一定的情感和意义，使得建筑会给人不同的感觉。

一、建筑空间形式美的表现

1. 变化与统一

在建筑空间表现的作品中，丰富的素材和色彩、表现手法的多样化可丰富作品的艺术形象，但这些变化必须达到高度统一，使其统一于一个中心的视觉形象（一般是主题建筑），这样才能构成一种有机整体的形式。

任何一幅建筑表现作品，其构成整体风格的多个局部变化之间必须有机联系，作品的美感是从统一的整体效果中感受到的。主从关系是整体局部之间的法则。如果各部分不分主次，同等对待，或者竞相突出自己，都会破坏整体画面的完整统一性，会流于松散、单调和杂乱（图2-18）。

2. 对称与均衡

对称是美的法则之一。中外很多教堂、庙宇、宫殿等建筑都以“对称”为美的基本要求。对称的构成能表达秩序、安静和稳定、庄重与威严等心理感觉，并能给人以美感（图2-19）。

均衡是在一定的空间范围内，使构图的各方面保持平衡关系，它在视觉上产生形态的安定感。形态即点、线、面的平衡，涉及重量、数量及色彩几个方面。建筑物及其装饰，大为重、小为轻；多为重、少为轻；暗为重，亮为轻；粗糙为重、光洁为轻。建筑物的前后、左右、上下各部分之间的关系，应该给人以平衡感，可以在造型上安排一边竖向高起和一边低矮平铺，或一边用一个大体积和一边用几个小体积，以取得体积和数量上的均衡。

3. 比例与稳定

美是由一定数量关系构成的和谐。“黄金比例”就是根据计算得出的最佳完美比例。比例与尺

（a）

（b）

图2-18 金色幼儿园（瑞士）

图2-18：两栋建筑坐落于一个自然的斜坡之上。南边的楼是学前班和托儿所，北面的楼也用于托儿所。两栋建筑的空隙被设计成一个庭院以供不同年龄层段的孩子在这里玩耍，南面给学前儿童，中间区域是托儿所儿童的领地，北面则是公共空间。整个建筑室内外相互联系，既有色彩、材质上的变化，又有整体色调的统一。

度是建筑物的整体与局部、建筑物与人体之间的关系。建筑表现是把不同的素材和建筑编排组合在一起，这样就形成了不同的建筑效果图，各种素材的面积与体积大小的比例、数量多少的比例，一定要符合尺度，给人以美的感受，如果比例失调，就破坏了美的秩序和规律，造成作品的失败。中国庙宇为横长形、西方神庙为纵长形，都有良好的比例。适宜的尺度能给人以美的享受（图2-20）。

4. 节奏与韵律

节奏表现为有规律的重复，而韵律是在节奏基础上的发展。节奏表现为高低、强弱、长短、大小、浓淡等，而韵律则表现为高高低低、高低高、低高高低等形式，因而韵律显得更生动、多变，也更富有感情色彩。节奏美和韵律美在建筑艺术中是常见的（图2-21）。

5. 对比与调和

对比是差异，而调和则是一致。建筑艺术中不可没有对比。对比是指建筑物各部分之间显著的差异，可以达到强调和夸张的作用。表现对比的有大小、重轻、圆方、多少、长短、密疏、厚薄、虚实、黑白、冷暖、粗细、锐钝、明暗、强弱和刚柔等。对比运用得好则会产生鲜明、有力、清新的感觉，使建筑物形象更为重点突出（图2-22）。

调和与对比相反，强调共同因素，求取一致。一致性也是统一性，是建筑艺术外部形象和内部空间及使用功能的有机统一，统一是建筑形式美的基本规律。但是建筑形象应该在统一之中又有变化，在变化之中又求统一，这样才不至于单调。

二、以颐和园为例分析形式美在建筑空间设计中的运用

颐和园作为北方皇家园林的代表，集历代皇家园林之大成，荟萃南北私家园林之精华，是中国现存最完整、规模最大的皇家园林。在颐和园中，社会美、自然美、艺术美、形式美四种美的存在形态巧妙的整合为一体，天人合一，是讲授美学的绝佳场所。

1. 颐和园内的对称和均衡

颐和园的设计就处处体现出“寓变化于统一”的匠心。就全园布局宏观来看，颐和园里的宫殿区中，用来朝见的“仁寿殿”是以东西向轴线为中心，而用来寝居的“乐寿堂”“玉澜堂”等则改为南北向轴线布局，并紧贴湖面。再拿颐和园最精彩的前山来说，从山脚的“云辉玉宇”牌楼，经排云门、二宫门、排云殿、德辉殿、佛香阁，直至山顶的智慧海，形成了一条层层上升的中轴线。站在万寿山脚下向上看，多个建筑排成一条直线，秩序、稳重、庄重、威严。颐和园中的殿宇都为对称结构，显现出皇家宫殿的庄严（图2-23、图2-24）。

图2-19 建筑空间对称美

图2-20 建筑比例

2. 颐和园建筑的节奏与韵律

颐和园内有庞大的建筑群体，建筑群体分布在万寿山和南湖岛上，沿着万寿山的中轴线，各种建筑排成一条直线，沿着山体往上高低有序（图2-25）。长廊两边的柱子排成两条线，富有节奏（图2-26）。

图2-21　建筑节奏

图2-22　建筑虚实、光影对比

图2-23　仁寿殿

图2-24　“云辉玉宇”牌楼

颐和园由万寿山和昆明湖两部分组成，园内建筑以佛香阁为中心，园中有景点建筑物百余座、大小院落20余处，3555座古建筑，面积7万多平方米，共有亭、台、楼、阁、廊、榭等不同形式的建筑3000多间，高低错落，疏密有序，布局均衡。

图2-25　颐和园建筑群

图2-26　长廊

建筑运用形式美的基本规律来设计还有很多方面的内容，形式美有统一的关系，有主从关系，有虚实关系等。形式美的本身没有边边框框，它是根据人类文明的不断发展而随之与时俱进的，形式美没有固定的范畴，它会根据特定的需要，滋生出一些新的形式。人对美的感受在不同时期会出现不同的感受，所以在不同时期，会出现不同形式的美。这就需要我们在探索研究前人建筑形式美的同时，在不违背形式美的基本规律的同时，学会创新。

3. 颐和园内的对比与协调

颐和园内不仅有巍峨的仁寿殿，还有温婉的玉带桥，不仅有亭，还有廊，有树，还有花，有金属神兽，还有美艳的苏氏彩画。园内多种事物形成对比与统一，相互协调。亭台楼榭，花鸟鱼虫，无一缺席，使得颐和园内呈现出一种祥和的气象。

4. 颐和园的建筑环境

颐和园是以万寿山和周围的湖泊为基本环境建园的，建园时将湖泊开挖贯通，形成一个大湖，岸边种植一些柳树，湖上小岛也有树木。湖上有一座南湖岛，通过一座十七孔桥与岸边相连。颐和园集传统造园艺术之大成，万寿山、昆明湖构成其基本框架，借景周围的山水环境，既显示了中国皇家园林恢宏富丽的气势，又充满自然之趣，高度体现了“虽由人作，宛自天开”的造园准则。颐和园亭台、长廊、殿堂、庙宇和小桥等人工景观与自然山峦和开阔的湖面相互和谐、艺术地融为一体，整个园林艺术构思巧妙，是集中国园林建筑艺术之大成的杰作，在中外园林艺术史上地位显著，有声有色。

第四节 空间分隔与环境

一、室内空间分隔的作用

室内空间要采取什么分隔方式，要根据空间的特点、功能使用要求、艺术特点以及人的心理需求来进行。对于不同功能，不同空间特点的室内，其领域感的满足和私密性的形成都有不同的具体处理手法。像居住空间，卧室的私密性要求很高，空间分隔也就尽量以绝对分隔为主，空间界限非常明确，具有全面抗干扰的能力，保证了安静、私密的功能需求。而起居室中的会客区域，有时以家具进行象征性分隔，再加上局部装饰地毯进行强化，这样，领域感便形成了。但这只是象征性的，是一种心理感受形成虚拟的领域感，其空间划分隔而不断，通透连贯，流动性极强。

二、室内空间处理方法

室内作为空间是主要研究对象，所有的视觉和触觉设计元素都是以空间设计为载体来完成的。空间就像戏剧的舞台一样，为室内的各种设计元素提供可以尽情挥洒的虚体环境让设计师充分展现自己的审美追求。这种虚与实和有与无的设计关系正是室内设计研究的核心问题。

空间处理在室内设计中具有先决性的重要地位。一般来说，空间处理有以下几个方法。

1. 分隔

分隔是最普遍的空间处理方式，共有三种形式：第一种是实体性分隔，包括使用不到顶的墙、家具或其他实体性界面来划分空间。这种分隔形式，既可形成一定的视觉范围，又具有开放性。第二种是象征性分隔，它包括使用栏杆、玻璃、悬垂物或光线、色彩等非实体的手段来划分空间。这种分隔空间界面模糊，限定度低，空间更加开放。第三种是弹性分隔，如推拉门、升降帘幕和可移动的室内陈设等。这种分隔形式灵活性强、简单实用。

2. 切断

用到顶的家具和墙体等限定度高的实体来划分空间，称切断。

3. 通透

对分隔和切断而言，通透是一种反向的空间处理方式，它是指将原来分隔空间的界面全部或部分除去。

4. 裁剪

众所周知，现代建筑室内空间大多是90° 的矩形空间。为了破除方正空间四平八稳、死气沉沉的呆板形象，设计师可采用裁剪的手法，用弧线、折线、曲线、斜线或三角形、圆形、倾斜界面、穹顶等多裁定空间，破除对称感，倾情演绎个性魅力。

5. 高差

高差包括部分抬高或降低地面，也包括部分抬高或降低顶面。通过对地面的高差处理，可实现转换空间、界定功能，使人产生错落有致的主体感（往往要诉诸个人心理）；通过对顶面的高差处理可增强空间立体层次感，也可丰富灯光的艺术效果。

（a）

（b）

图2-27 建筑室外环境

补充要点

现代室内空间分隔的新趋势

现代室内空间的分隔有了一些新的趋势。美国住宅的内部设计正反映了这种室内设计的新趋势，考虑了空间的流动感和视线的赏心悦目。当代的美国室内空间设计已经不再按以前传统的方式来分隔空间，而以功能区为标准将室内空间划分为五个区。以“区”来重新定义空间类型，功能规划更为细腻，为全新生活方式提供完美的空间与室内外动线支持，充分满足个性与生活品质的追求。五大功能区是礼仪区：入口、起居室、餐室；交往区：早餐室、厨房、家庭室；私密区：主卧、卫生间、次卧、书房；功能区：洗衣间、储藏室、车库、地下室、阁楼；室外区：沿街立面、前院、后院、平台、硬地。

五大功能区的划分使室内设计科学地体现了日常生活中对空间利用的规律，满足了主人饮食起居、交流礼仪等各方面的家庭生活需要，是对建筑设计非常有价值的革新，是最值得倡导的一点。在五大功能区的设计中，设计师又特别注重礼仪和私密空间的营造，体现了现代人更高层次的精神和心理需求，是对人性更深刻的体贴。国内不少人到美国后发现其实有些美国住宅的面积并不是很大，但住在里边生活很方便、很舒服，感觉特别流畅，功能分区的合理是一个重要原因。

三、建筑室外空间环境

建筑室外空间环境，是一种介于建筑室内空间和城市开放空间之间的空间类型，既属于建筑领域，服从建筑使用功能，满足使用者户外活动需求；同时又属于城市微观景观环境，是构成城市中观景环境的元素之一。建筑与其室外环境互为补充，随着建筑的发展，室外环境的形式与内涵也有了很大的发展。但不论怎样发展，也只有一个目的，即为人的物质和精神需求服务（图2-27）。

在建筑室外空间环境设计中，要充分认识和确定人的主体地位以及人与环境的双向互动关系；同时，还要注重对人在建筑室外空间环境活动的行为特征进行研究，并依次创造出不同性质、不同功能、不同规模、不同特色的空间环境，从而满足不同年龄、不同阶层、不同性别使用者的需求。

第五节 设计案例：住宅别墅设计（扫码下载案例）

案例二维码

本章小结

本章主要介绍了建筑室内空间的概念、类型和组织设计，以及探寻人与建筑室外空间的关系。室内空间是人类劳动的产物，是人类有序生活所必要的物质基础，必须要满足其使用功能和精神需求。在建筑室外空间环境中，要充分理解人与空间、环境的双向关系，坚持以人为本的原则。

课后练习

1. 什么是室内空间?
2. 室内空间有哪些特征?
3. 室内空间有哪些类型，各有什么特点?
4. 简述建筑空间对心理知觉的影响。
5. 建筑空间形式美有哪些表现?
6. 现代室内分隔的发展趋势是什么?
7. 简述人与建筑室内外空间的关系。
8. 根据上一章的课后练习第6题，继续考察当地革命纪念馆室内空间，指出室内装饰造型元素，将其归纳记录下来，并与建筑外墙装饰造型元素进行类比，分析二者的异同。

3

第三章

建筑装饰空间界面设计

PPT 课件
（扫码下载）

» 学习难度：★★★☆☆

» 重点概念：界面、地面、侧界面、顶棚、门窗

» 章节导读：本章重点要了解室内空间界面的设计要求与特点；熟悉室内空间界面材料，以及界面处理带来的不同感受；了解并掌握空间界面设计的原则、装饰要点，室内空间处理方式、组合要素等；通过本章的学习掌握室内空间界面装饰设计及空间处理 。

第一节 空间界面设计的基本内容

一、界面的要求和功能特点

底面（地面）、侧界面（墙面）、顶面（天花）等各类界面，建筑空间设计时，既对它们有共同的要求，各类界面在使用功能方面又各有它们的特点。

1. 各类界面的共同要求

（1）耐久性及使用期限。

（2）耐燃及防火性能。现代建筑装饰应尽量采用不燃及难燃性材料，避免采用燃烧时释放大量浓烟及有毒气体的材料。

（3）无毒。指散发气体及触摸时的有害物质低于标准剂量。

（4）无害。材料中含有的有害物质含量不得超过相关标准，如某些地区所产的天然石材，具有一定的氡放射剂量。

（5）易于制作、安装和施工，便于更新。

（6）必要的隔热、保暖、隔声、吸声、防水、防火性能。

（7）装饰及美观要求。

（8）相应的经济要求。

2. 各类界面的功能特点

（1）底面。要具有耐磨、防滑、防水、防腐蚀、防静电、易清洁、隔声、吸声等。

（2）侧面。要具有遮挡视线的功能，并有较高的隔声、吸声、保暖、隔热要求等。

（3）顶面。要质轻、光反射率高，较高的隔声、吸声、保暖、隔热要求。

为便于分析比较，各类界面的基本功能要求如表3-1所示。

表3-1 各类界面的基本功能要求

基本功能要求 \ 界面	底面	侧面	顶面
使用期限及耐久性	●	○	○
耐燃及防火性能	●	●	●
无毒，不散发有毒气体	●	●	●
核定允许的放射剂量	●	●	●
易于施工安装或加工制作，便于施工	●	●	●
质轻	○	○	●
耐磨、耐腐蚀	●	○	
防滑	●		
易清洁	●	○	
隔热保暖	●	●	●
隔声吸声	●	●	●
防水防潮	●	○	○
光反射率		○	●

注：●表示较高要求；○表示一般要求。

二、界面装饰材料选用原则

装饰材料的选用，是界面设计中涉及设计成果的实质性的重要环节，它最为直接地影响到建筑设计整体的实用性、经济性，环境气氛和美观与否。设计者应熟悉材料质地、性能特点，了解材料的价格和施工操作工艺要求，善于和精于运用当今先进的物质技术手段，为实现设计构思，创造坚实的基础。

1. 适应室内使用空间的功能性质

对于不同功能性质的室内空间，需要由相应类别的界面装饰材料来烘托室内的环境氛围，例如文教、办公建筑的宁静、严肃气氛，娱乐场所的欢乐、热闹气氛，与所选材料的色彩、质地、光泽、纹理等密切相关。

2. 适合建筑装饰的相应部位

不同的建筑部位，相应地对装饰材料的物理、化学性能，观感等的要求也各有不同。例如对建筑外装饰材料，要求有较好的耐风化、防腐蚀的性能，由于大理石中主要成分为碳酸钙，常与大气中的酸性物化合而受侵蚀，因此外装饰一般不宜使用大理石。

3. 符合更新、时尚的发展需要

由于现代建筑空间设计具有动态发展的特点，设计装修后的室内空间环境，通常并非是“一劳永逸”的，而是需要更新，讲究时尚的。原有的装饰材料需要由无污染、质地和性能更好的、更为新颖美观的装饰材料来取代。界面装饰材料的选用，还应注意“精心设计、巧于用材、优材精用、一般材质新用”。

4. 精心设计、巧用、精用、新用材料

室内界面处理，铺设或贴装饰材料是“加法”，但一些结构体系和结构构件的建筑室内，也可以做“减法”，如明露的结构构件，利用模板纹理的混凝土构件或清水砖面等。例如，某些体育建筑、交通建筑的厦面由显示结构的构件构成，有些人不会直接接触的墙面，可用不加装饰、具有模板纹理的混凝土面或清水砖面等。

三、建筑装饰材料的分类

建筑装饰材料的品种繁多，一个大中型建筑装饰工程，材料的品种、规格多达数千种。科学合理的分类，对装饰材料的认识、掌握、选用、研究开发等都非常重要。装饰材料的分类，可从化学成分、装饰部位、燃烧等级等角度进行分类。

1. 建筑装饰材料按化学成分分类及常见品种名称

建筑装饰材料按化学成分分类及常见品种见表3-2。

表3-2 建筑装饰材料按化学成分分类

分类		材料举例	
金属材料	黑色金属材料	普通钢材、不锈钢、彩色不锈钢等型材和板材	
	有色金属材料	铝及铝合金型材和板材、铜及铜合金、金、银	
非金属材料	有机材料	天然饰面石材	天然大理石、天然花岗石
		陶瓷装饰制品	釉面砖、地砖、陶瓷锦砖
		玻璃装饰制品	彩色玻璃、冰花玻璃
		石膏装饰制品	装饰石膏板、纸面石膏板

续表

<table>
<tr><th colspan="2">分类</th><th colspan="2">材料举例</th></tr>
<tr><td rowspan="9">非金属材料</td><td rowspan="4">有机材料</td><td colspan="2">白水泥、彩色水泥</td></tr>
<tr><td>装饰混凝土</td><td>彩色混凝土路面砖</td></tr>
<tr><td colspan="2">装饰砂浆</td></tr>
<tr><td colspan="2">矿棉、珍珠岩制品</td></tr>
<tr><td rowspan="5">有机材料</td><td>木材装饰制品</td><td>木工板、木地板、胶合板</td></tr>
<tr><td colspan="2">竹材、藤材装饰制品</td></tr>
<tr><td>装饰织物</td><td>地毯、墙布、窗帘类</td></tr>
<tr><td>塑料装饰制品</td><td>塑料地板、塑料壁纸</td></tr>
<tr><td>装饰涂料</td><td>地面涂料、内外墙涂料</td></tr>
<tr><td rowspan="2">复合材料</td><td>有机与无机复合</td><td colspan="2">人造石材、钙塑泡沫装饰吸声板</td></tr>
<tr><td>金属与非金属复合</td><td colspan="2">彩色涂层钢板</td></tr>
</table>

2. 建筑装饰材料按装饰部位分类及常见品种名称

建筑装饰材料按装饰部位分类及常见品种见表3-3。

3. 建筑装饰材料按燃烧等级分类及常见品种名称

建筑装饰材料按燃烧等级分类及常见品种见表3-4。

表3-3　建筑装饰材料按装饰部位分类

类别	装饰位置	常用装饰材料
外墙装饰材料	外墙、阳台、台阶、雨篷等建筑物全部外露部位装饰材料	天然石材、人造石材、陶瓷外墙砖、玻璃制品、外墙涂料、金属制品等
内墙装饰材料	内墙面、墙裙、踢脚线、隔断等内部构造所用的装饰材料	天然石材、人造石材、内墙砖、墙纸、内墙涂料、玻璃制品等
地面装饰材料	地面、楼面、楼梯等结构的全部装饰材料	天然石材、人造石材、地砖、地毯、木地板等
天花装饰材料	室内及天花装饰材料	石膏板、矿棉板等

表3-4　建筑装饰材料按燃烧等级分类

等级	燃烧等级	燃烧特征	材料举例
A 级	不燃性	遇明火不燃烧、不炭化	石材、陶瓷、嵌装式石膏板
B1 级	难燃性	遇明火难燃烧、难炭化	防火板、阻燃墙纸
B2 级	可燃性	遇明火可燃烧、可炭化	木材、墙纸
B3 级	易燃性	遇明火容易燃烧	油漆

四、常见的界面装饰材料种类

图3-1　天然大理石花纹

1. 石材

大理石和花岗岩是目前常用于饰面装饰的材料。大理石天然生成的致密结构和色彩、斑纹、斑块可以形成光洁细腻的天然纹理（图3-1）。天然大理石质地致密但硬度不大、容易加工、雕琢、磨平及抛光等。大理石抛光后光洁细腻，纹理自然流畅，若精心挑选，可组成非常美丽的自然风景画，有很高的装饰性。大理石吸水率小，耐久性高，可以使用40～100年（图3-2）。

图3-2　大理石的应用

各种大理石自然条件差别较大，其物理力学性质能有较大的差异，大理石性能参考值见表3-5。

天然花岗岩是火成岩，也叫酸性结晶深成岩，是火成岩中分布最广的一种岩石，属于硬石材，由长石、石英和云母组成，以深色花岗石较名贵（图3-3）。花岗岩应避免用于室内。花岗岩结构致密、质地坚硬、耐酸碱、耐气候性好，可以在室外长期使用（图3-4、表3-6）。

表3-5　天然大理石物理力学性能

项目		指标
体积密度 /（kg/m^3）		2500 ~ 2700
强度 /MPa	抗压	70.0 ~ 110.0
	抗折	6.0 ~ 16.0
	抗剪	7.0 ~ 12.0
平均韧性 /cm		10
平均质量磨耗率（%）		12
吸水率（%）		< 1
膨胀系数 /（10^{-6}/℃）		6.5 ~ 10.12
耐用年限 / 年		40 ~ 100

表3-6　花岗岩物理力学性能

项目		指标
体积密度 /（kg/m^3）		2500 ~ 2700
强度 /MPa	抗压	120 ~ 250
	抗折	8.5 ~ 15
	抗剪	13 ~ 19
平均韧性 /cm		8
平均质量磨耗率（%）		11
吸水率（%）		< 1
膨胀系数 /（10^{-6}/℃）		5.6 ~ 7.34
耐用年限 / 年		75 ~ 200

图3-3 花岗岩花纹

图3-4 花岗岩的应用

2. 木材

木材作为一种古老的建筑材料，被广泛应用于各种建筑空间设计中，因其具有良好的装饰性和较强的加工性，为加工过程呈现出无限的可能性。

因选择木材的种类不同，所表现出来的花纹、气味、色泽、纹路也是不同的，而同种材料，同样的颜色，在装饰中所表达出来的感觉与状态是完全不同的，也会给人带来不同的心理暗示效果。如起居室通过粗犷的木梁给人带来安全、稳固的感觉，而木框门则会带给人轻巧、清新的感觉（图3-5、图3-6）。

木线条装饰时，可用于室内和室外。用于室内时具有固定、加强与连接的用途。用于室外时又有着不同的作用，可用于连接处、分界处、层次处衔接口使用，也可以作为封口材料。可以在装饰过程中将选择的木线条变成各式各样的木纹与色彩，也可以将其进行拼接、对接，或者弯曲成喜欢的弧线，使用木线条进行室内外装饰，可以增添室内外亲切、高贵典雅、古朴的美感（图3-7）。

3. 塑料

塑料是以人工合成或天然的高分子有机化合物为主，添加必要的助剂与填料，在一定条件下塑化成型，并能在常温下保持其形状的有机合成材料。塑料装饰材料可分为塑料地板、塑料壁纸、塑料装饰板材（如塑料门窗）等（图3-8、图3-9）。

塑料地板的材料组成较简单，以石英砂填料居多，可分为块状和卷状两种。块状塑料地板可拼成各种不同的图案，塑料地板具有质轻、耐磨、耐腐、可自熄、易清洁等特点。塑料壁纸品种繁多，具有良好的装饰效果，在耐燃、隔热、吸声、防霉等方面性能优越，且施工方便，容易保养，应用广泛。

4. 地毯

地毯按材质分为羊毛地毯、化纤地毯和混纺地毯（图3-10、图3-11）。

羊毛地毯多采用羊毛为主要原料制作。毛质细密，具有天然的弹性，受压后能很快恢复原状；采用天然纤维，不带静电，不易吸尘土，还具有天然的阻燃性。纯羊毛地毯图案精美，色泽典雅，不易老化、褪色，具有吸声、保暖、脚感舒适等特点。

化纤地毯最大特点是耐磨性强，同时克服了纯毛地毯易腐蚀、易霉变的缺点，但阻燃性、抗静电性相对差一些。

混纺地毯中，羊毛的比例在20%～80%，低于20%为化纤地毯，超过80%为羊毛地毯。混纺地毯的耐磨性能比纯羊毛地毯高出五倍；同时克

图3-5 木梁

图3-6 木框门

（a） （b）

图3-7 木线条

图3-8 塑料地板

图3-9 塑料门窗

图3-10 羊毛地毯

图3-11 化纤地毯

服了化纤地毯静电吸尘的缺点，也可克服纯毛地毯易腐蚀等缺点。具有保温、耐磨、抗虫蛀、强度高等优点。混纺地毯的弹性、脚感比化纤地毯好，价格适中。

5. 墙布

墙布的装饰性主要体现的是文化，功能性方面体现的则是多功能的聚合所表现的安全环保、节能低碳。墙布的色彩、图案、质感都可以通过精心设计，更加适应各种环境的需要和满足各层次的现代人群的审美观，从而为人们营造出豪华、温馨、舒适、健康的环境，这是其他墙面装饰材料无法比拟的（图3-12）。

6. 涂料

涂料涂覆于物体表面，能干结成膜，具有防护、装饰、防锈、防腐、防水或其他特殊功能，建筑涂料品种繁多，包括有机水性涂料、溶剂型涂料和无机涂料。

7. 玻璃

随着建筑发展需要，玻璃制品由过去单纯的采光材料，逐步向控制光线、调节热量、控制噪声、降低建筑物自重、装饰建筑室内外环境等多功能方向发展。建筑装饰玻璃广泛应用于室内空间的墙壁、隔断、柱面、顶棚等，具有独特的装饰效果（图3-13）。

（a）

（b）

图3-12 墙布

（a）

（b）

图3-13 玻璃的装饰效果

（a）　（b）

图3-14　石膏装饰应用

（a）　（b）

图3-15　金属装饰应用

8. 石膏

石膏是一种气硬性胶凝材料，在建筑装饰方面应用比较广泛。用石膏可生产出多种系列的石膏制品，这些产品具有质量轻、凝结快、耐火、隔声、品种丰富、价格低廉等优点。石膏制品洁白、高雅，表面可形成各种复杂图案、花纹及造型，质感细腻，是一种常用的室内装饰材料。石膏还可以做成花饰、线条等。石膏制品可塑性强，主要用于建筑物室内墙面和顶棚吊顶的装饰（图3-14）。

9. 金属

金属装饰材料具有独特的光泽与颜色，庄重华贵、经久耐用，优于其他各类装饰材料。近年来，建筑装饰的金属材料发展很快，如铝合金材料、不锈钢、彩色钢板等其他金属制品，各用于不同档次的建筑装饰（图3-15）。

第二节 空间界面设计原则与要点

一、各界面和配套设施装饰设计的原则

1. 协调统一

装饰、装修要与室内空间各界面及配套设施的特定要求相协调，达到高度的、有机的统一。在室内空间环境的整体氛围上，要服从不同功能的室内空间的特定要求。

2. 切忌过分突出

界面作为室内环境的背景，对室内空间、家具和陈设起到烘托、陪衬的作用；但是对于需要营造特殊气氛的空间，如卧室、咖啡厅等，有时也需对其做重点装饰处理，以强化效果（图3-16、图3-17）。

3. 充分利用材料质感

质地美，能加强艺术表现力，给人以不同的感受。质粗使人感到稳重、浑厚，它也可以吸收光线，使人感到光线柔和。质细使人感到轻巧、精致；表面光滑可以反射光线，使人感到光亮。一般来说，大空间、大面积，质宜粗；小空间、小面积的重点部位质宜细。

4. 充分利用色彩的效果

虽然形状是物质的基础，色彩是从属于形式和材料的，各人对形状和色彩的反应并不完全一样，但是，色彩对视觉却有强烈的感染力，有着较强的表现力。色彩效果包括生理、心理和物理三方面的效应，所以色彩是一种效果显著、工艺简单和成本经济的装饰手段。

5. 利用照明及自然光影

安静及私密性的空间光线要较暗淡些，甚至若隐若现；热闹及公共性的空间光线则要明亮和灯火辉煌。利用天窗的顶光以增加自然光线，利用窗花、花格顶棚等以增加光影的变化等（图3-18）。

二、室内空间界面和配套设施装饰设计的要点

1. 形状

形体是由面构成，面是由线构成。

空间界面和配套设施的面是由各界面和配套设施造型的轮廓线和分格线构成的，不同形状的面会给人以不同的联想和感受。例如，棱角尖锐形的面，给人以强烈、刺激的感觉；圆滑形的面，给人以柔和、活泼的感觉；梯形的面给人以坚固、质朴

图3-16 卧室

图3-17 咖啡厅

图3-18　斯德哥尔摩公共图书馆

的感觉；正圆形的面中心明确，具有向心力和离心力等。正圆形和正方形属于中性形状，因此，设计者在创造具有个性的空间环境时，常常采用非中性的自由形状（图3-19）。

2. 图案

图案可以利用人们的视觉来改善界面或配套设施的比例。一个正方形的墙面，用一组平行线装饰后，看起来可以像矩形；把相对的两个墙面全部这样处理后，平面为正方形的房间，看上去就会显得更深远。

在选择图案时，应充分考虑空间的大小、形状、用途和性格。动感强的图案，最好用在入口、走道、楼梯和其他气氛轻松的公共空间，而不宜用于卧室、客厅或者其他气氛闲适的空间；过分抽象和变形较大的动植物图案，只能用于成人使用的空间，不宜用于儿童空间；儿童空间的图案，应该更富趣味性，色彩可鲜艳明快些；成人空间的图案，则应慎用纯度过高的色彩，以使空间环境更加稳定而统一。

3. 质感

材料的质感与距离、面积之间关系紧密。同种材料，当距离近或面积大小不同时，它给人们的感觉往往是不同的。光洁度好的表面的材质越近感受越强，越远感受越弱。例如，光亮的金属材料，用于面积较小的地方，尤其在作为镶边材料时，显得光彩夺目，但当大面积应用时，就容易给人以凹凸不平的感觉；毛石墙面近观很粗糙，远看则显得较平滑。因此，在设计中，应充分把握材料的这些特点，并在大小尺度不同的空间中巧妙运用。

图3-19　藻井

第三节 地面装饰设计

一、地面装饰设计要求和作用

1. 室内地面装饰设计要求

（1）底层地面的基本构造层为面层、垫层和地基。

（2）除有特殊使用要求外，楼地面应满足平整、耐磨、不起尘、防滑、防污染、隔声、易于清洁等要求。

（3）厕、浴间，厨房等受水或非腐蚀性液体经常浸湿的楼地面应采用防水、防滑类面层。

（4）筑于地基土上的地面，应根据需要采取防潮、防基土冻胀、防不均匀沉陷等措施。

（5）存放食品、食料、种子或药物等的房间，其存放物与楼地面直接接触时，严禁采用有毒性的材料作为楼地面，材料的毒性应经有关卫生防疫部门鉴定。

（6）受较大荷载或有冲击力作用的楼地面，应根据使用性质及场所选用由板、块材料、混凝土等组成的易于修复的刚性构造。

（7）木板楼地面应根据使用要求，采取防火、防腐、防潮、防蛀、通风等相应措施。

（8）应满足视觉要素的要求，使室内地面与整体空间融为一体。

（9）地面形状的图案变化要结合室内功能区的划分以及家具的陈设布置。

2. 地面装饰设计作用

地面饰面，通常是指在普通水泥地面、混凝土地面、砖地面以及灰土垫层等地层表面上做的饰面层，其作用主要体现在以下几个方面：

（1）保护楼地面。对于某些楼地面，构成地面的主要材料强度较低，此时，需要依靠面层来解决耐磨、防磕碰以及防渗漏的问题。

（2）保证使用功能。建筑物楼、地面要满足的基本要求是具有必要的强度、耐磨损、耐磕碰和表面平整光洁、便于清扫等。对于楼面，要有防止渗漏性能，对于首层地坪，要有一定的防潮性能。上述要求，因建筑的使用性质和部位的不同会有很大差异。对于较高的建筑，还要满足隔声、保湿、吸声、弹性等要求。

（3）满足装饰要求。地面装饰是整个建筑空间装饰效果的重要组成部分，要结合空间形态、家具陈设、人的活动状况以及心理感受和建筑的使用性质等因素综合考虑，妥善处理好地面装饰与功能要求之间的关系。

二、地面装饰材料的选用

地面装饰材料主要包括地板、石材、陶瓷地砖、地毯等。

1. 地板

地板主要分为实木地板、强化复合地板、多层木地板等（表3-7）。

2. 地砖

瓷砖是我们生活中最常用的装修主材之一，瓷砖地砖种类繁多。有抛光砖、仿古砖、木纹砖、大理石瓷砖等（表3-8）。

3. 地毯

地毯具有储尘的能力，当灰尘落到地毯之后，就不再飞扬。因而地毯可以净化室内空气，美化室内环境。地毯因具有质地柔软、脚感舒适、使用安全等特点，受到人们的喜爱（表3-9）。

表3-7 地板类型

名称	内容	图示	优点	缺点
实木地板	实木地板是木材经过烘干加工后形成的地面装饰材料，该地板的特点是保持天然材料——木材的性能		实木地板的脚感好，舒适，冬暖夏凉、木材质感柔和；具有天然的花纹、色泽和香气。透气性较好，使用安全，装饰效果好	实木地板也存在色差较大，耐磨性、防水性较差，容易发生虫蛀，易变形，使用寿命较短等缺点。同时，由于实木地板使用的是天然木材，缺乏环保性
强化复合地板	强化复合地板是由耐磨层、装饰层、基层、平衡层组成的地板		具有耐磨性好、美观，防滑性好；地板稳定性高；不会发生虫蛀；抗冲击、抗静电、耐污染、耐光照、耐香烟灼烧、安装方便、保养简单等优点	相对于实木地板，复合地板的脚感较差，略显僵硬；色差小，但不自然；隔音效果较差、防水性较差；使用寿命较短。需要注意的是，强化复合地板中使用的胶合剂含有甲醛等有害物质
多层木地板	多层木地板是由三层或者多层的单板或者薄板经过木板胶贴高温高压制作而成		多层木地板具有舒适，冬暖夏凉；隔声效果较好；耐磨性、防水性好；不易变形开裂；性价比高；安装简单、经久耐用等优点	存在环保性差、硬度差、色差大、质量参差不齐的缺点

表3-8 地砖类型

名称	内容	图示	优点	缺点
抛光砖	抛光砖是通体砖坯体的表面经过打磨而成的一种光亮的砖，属通体砖的一种。适合在除洗手间、厨房以外的多数室内空间使用		外观光洁，有仿木石效果；无放射元素；抗弯曲强度大；砖体薄、重量轻	易脏、防滑性不好；使用寿命较短
仿古砖	仿古砖是从彩釉砖演化而来的，实质上是上釉的瓷质砖。由于花色有纹理，类似石材贴面用久后的效果，行业内一般简称为仿古砖。所谓仿古，指的是砖的风格		具有防污能力较好、复古不失时尚、一般不会过时、方便做各种造型、防滑性好、色彩丰富的优点	表面不易做倒角磨边等处理；硬度不如抛光砖；吸水率较抛光砖要高；亮度不如抛光砖好；仿天然石材效果不如抛光砖
釉面砖	釉面砖是砖的表面经过施釉高温高压烧制处理的瓷砖，这种瓷砖由土坯和表面的釉面两个部分构成。主体又分陶土和瓷土两种，陶土烧制出来的背面呈红色，瓷土烧制的背面呈灰白色		花样多，色彩丰富，防渗污、易清洁	耐磨性较差，但能满足家庭使用
马赛克瓷砖	马赛克，是一种特殊存在方式的砖，一般由数十块小块的砖组成一个相对的大砖。它以小巧玲珑、色彩斑斓的特点被广泛使用于室内小面积地面、墙面和室外大小幅墙面和地面		具有强装饰性、环保性、使用寿命长、拼贴随意变换空间、种类多、个性化的优点	缝隙太多，易脏、难清洗

表3-9 地毯类型

名称	内容	图示	优点	缺点
纯毛地毯	泛指以羊毛为主要原材料编制的地毯，是地毯中的高档产品，一般用在高级宾馆、酒店、会客厅、接待室、别墅、国家场馆等高级场所		①温暖隔声无污染。纤维温暖，不易燃且色彩华丽，质地厚实，隔热消声，经久耐用，不容易粘结，而且没有污染。羊毛地毯还可以降低室内的甲醛含量及二氧化碳 ②调湿吸潮、阻燃抗电。羊毛属于动物纤维，呈管状，具有呼吸作用。当室内湿气多时，羊毛能吸入水分；室内干燥时，它能放出水分 ③弹性最好，使用寿命长。羊毛地毯是地毯中弹性最好的，由于是天然毛质，脚感柔软，耐磨损，使用寿命长	纳尘性能较强，清洁比较困难，易产生水渍现象；容易滋生细菌和螨虫，价格较高
化纤地毯	化纤地毯也称为合成纤维地毯，品种极多，有尼龙、聚丙烯、聚丙烯腈、聚酯等不同种类。化纤地毯外观与手感类似羊毛地毯，耐磨而富弹性，具有防污、防虫蛀等特点，价格低于其他材质地毯		①反弹性好、防污、防霉、防蛀。价格适中、重量轻、阻燃性好 ②化纤地毯价格比羊毛地毯便宜许多，合成纤维比羊毛轻，保湿性能好，手感近似羊毛，经过阻燃处理后不易燃烧 ③不易脱毛、便于清洗、易干燥、不起皱，不易褪色 ④质量轻、耐磨、色彩鲜艳，脚感舒适、富有弹性、步履轻便、铺设简便	其回弹性、保温性、耐光性、染色性都较羊毛地毯差，人造纤维易燃，易产生静电和吸附灰尘

三、地面图案类型

在地面造型上，运用拼花图案设计，可以向人们暗示某种信息，起到标识作用，其图案和色彩不能过于刺激人的视觉。地面图案设计大致可分为三种类型。

（1）强调图案本身的独立完整性。这种类型多用于特殊的限定性空间。例如，会议室常采用中心性的图案，显示会议的重要性，色彩要与会议空间相协调，取得安静、聚神的效果，同时，质地要根据会议的重要性和参与者的级别而定（图3-20）。

（2）强调图案的连续性和韵律感。这种类型的图案具有一定的导向性和规则性，常用于走道、门厅、商业空间等，其图案色彩和质地要根据空间的性质、用途而定（图3-21）。

（3）强调图案的抽象性和自由多变。这种类型的图案常用于不规则或灵活自由的空间，能给人轻松自在的感觉，色彩和质地的选择也较为灵活。

图3-20 会议室

图3-21 走廊

第四节　墙面装饰设计

一、墙面装饰设计原则和作用

1. 墙面装饰的作用

（1）保护墙体。增强墙体的坚固性、耐久性，延长墙体的使用年限。

（2）改善墙体的使用功能。提高墙体的保温、隔热和隔声能力，满足人们的生理需求，保证人们的正常活动。

（3）装饰作用。通过墙面装饰提高建筑的艺术效果，美化环境。

2. 墙面装饰设计原则

（1）进行墙面装饰时，要充分考虑与室内其他部位的统一，要使墙面和整个空间成为统一的整体。

（2）墙面在室内空间中面积较大，地位较主要，要求也较高，对于室内空间的隔声、保暖、防火等的要求因其使用空间的性质不同而有所差异。

（3）在室内空间里，墙面的装饰效果，对渲染美化室内环境起着非常重要的作用，墙面的形状、分划图案、质感和室内气氛有着密切的关系，为创造室内空间的艺术效果，墙面本身的艺术性不可忽视。

二、墙面装饰材料的选用

内墙装饰是建筑空间装饰非常重要的一部分。整个室内空间内，面积最大的一定是墙面，所以墙面的装修材料要经过精挑细选，考虑到各方面的因素（表3-10）。有些区域适合使用瓷砖，有些区域适合使用墙布、墙纸。

表3-10　　墙面材料类型

名称	内容	图示	优点	缺点
乳胶漆	乳胶漆俗称“涂料”或“墙面漆”，是水溶性装饰材料，安全环保；直接涂刷在室内墙面上，施工方便，涂膜干燥快，透气性、耐水性好，因此越来越多的装修业主选择乳胶漆作为墙面装饰材料		色彩明快而柔和。颜色附着力强；调制方便，易于施工；漆面更易清洗，更便于日后维护；透气性好，耐碱性好，干燥速度快；运输贮存不存在爆炸和火灾等危险问题	含有甲醛这种具有强烈刺激性气味气体，有机溶剂的加入，增加了涂料的 VOC 含量，降低了涂料的环保性
墙纸	也称为壁纸，在过去相当长的一段时间里，墙纸占据了室内墙饰装修的龙头地位，原因无非就是施工快、价格便宜、种类繁多		品种齐全，花色繁多，施工快，价格适宜	一般壁纸对墙面及室内的湿度要求较高，如果湿度过大，很容易受潮发霉翘曲。色牢度较差，不耐擦洗，使用寿命较短，容易显接缝，施工质量不易控制
墙面瓷砖	室内墙面瓷砖，一般是指厨房和卫浴间以及阳台的墙面瓷砖，但内墙瓷砖不仅仅用于墙面		大气又美观，好做卫生、光泽好，多年不褪色，只要工艺好、不出现脱落，墙面贴砖经久耐用	对于南方容易下雨、出现雾天的地区来说，会造成墙上反水珠，家里相对来说会容易受潮。其次价格成本要比涂料装修贵一些

第五节　天花装饰设计

一、天花装饰设计作用和要求

1. 天花装饰设计的作用

天花在室内空间中扮演着极其重要的角色，从造型设计的角度看，天花提供给设计师的造型空间非常具有潜力，所能表达出来的形式语言非常多样化。天花的设计也直接影响到墙面和地面的装饰造型，许多设计往往都是从天花开始着手，并以此影响和约束其他界面的设计样式和风格。天花除了艺术造型的特征外，对室内空间环境的重要作用可以归纳为以下几个方面：

（1）空间方面的定位作用。天花与地面在一般情况下是相互对应的关系，在平面布局规划确定之后，天花就应该表现出与使用功能分区和人员流线组织相关的定位关系。特别是当地面的形式和材料没有明显分区变化时，天花所表现出来的定位作用就更为重要。

（2）界面比例的调整作用。天花在高度上的定位是一个动态因素，也就是说，没有一个固定的高度参数被认为是合适或不合适的，这完全取决于空间的比例和形状。

2. 天花装饰设计的要求

（1）对设施的铺设、安装和掩盖要求。在现代建筑中，用以调整环境质量的设备越来越多：空调、音箱、通信、消防、照明、各种电缆和管道等。同时，用装饰天花将它们隐藏起来，以求得室内的整洁和美观。

（2）对卫生方面的要求。像卫生间、厨房的天棚，应该考虑耐湿气、耐油烟、易清洁的功能。

（3）对室内光线的影响。天花表面应该是具有较高反光系数的浅色材料，以保证空间的光线反射和照度均匀。低矮空间的天花用深颜色会产生压抑感。

（4）防火要求。由于电气设备和线路的铺设，天花是极易引起火灾的危险部位，尤其是装饰天花采用的木材、合成材料、油漆等易燃材料。这就要求对木材等材料进行防火处理。

（5）重量要求。与地面、墙面相比，天花的重量应以轻质为好，重质材料存在安全方面的隐患（因年久失修有可能出现脱落），从施工的角度来看，重质材料也不利于安装和维修更换。但并不是说天花的重量越轻越好，空气负压和空气对流对轻质天花有可能带来破坏，比如有可能造成局部掀起、破裂或者是整体失稳。

（6）声学要求。对于声学空间，天花是一个非常重要的声学界面，天花造型通常与声音扩散、吸音、隔音、调整混响时间联系在一起。

二、天花装饰设计造型分类

天花装饰设计造型分类见表3-11。

表3-11　天花装饰设计造型分类

造型	内容	图示
平面式	所谓平面式即天棚整体关系基本上是平面的，表面上无明显的凹入和凸起关系。其装饰效果主要靠辅加的装饰线、图案、色彩和绘画等手法来体现。这种天花构造简单、造价较低，一般不用在重要场景和面积过大的空间中	

续表

造型	内容	图示
凸凹式	这种天棚是通过龙骨的高低变化将天棚做成不同的立体造型，高度一般控制在50 ~ 500mm，也有人称它为分层吊顶和复式吊顶。这种吊顶的应用非常普遍，特别是当建筑空间有梁、设备管道时，很自然地就选用分层式吊顶。分层的数量可多可少，应根据界面的比例和空间整体造型来设计	
悬浮式	悬浮式吊顶是将各种形状的平板、折板、曲面板或是其他装饰构件、织物等悬吊在天棚上，施工期间可以将悬浮构件预先加工完成，然后悬挂在天棚上。造型比较灵活，宜表达浪漫色彩，为顶棚上的管线和设备维修提供了方便	
井格式	井格式顶多半利用建筑井字梁的原有空间关系，在井格的中心和节点处设置灯具，与中国传统的藻井天花极为相像，这种样式的天花多用在客厅和比较正式的场合，表达稳重、庄严的气氛	
发光天棚	将灯具藏在磨砂玻璃、彩色玻璃或透光软膜的后面，使大块的天花均匀发光，具有顶部采光的感觉。如果配合工艺彩色玻璃，将更增添华丽浪漫的色彩	
构架式	模仿传统木结构民居的屋顶檩条、横梁，追求原始、朴实的乡土气息，与之相匹配的灯具可选择纸灯、木质灯和仿制油灯等。构架式天花造型不一定模仿原始民居的构架形式和尺寸，象征性的木板条可以调整天棚上平淡的色彩构图关系，同样可以达到轻松、自然的效果	
自由式	自由式天花是指形式上的多变性、不定性。曲面、曲线和弧面是较常用的手法，错落、扭曲和断裂也是常见的造型形式。有些天花造型看上去和天棚并没有多大的关系，还有一些可能与墙面、家具以及其他造型元素融为一体。自由式的天棚设计非常灵活，几乎不受任何古典形式的约束，是装修设计中最富有变化的要素	
穹顶式	穹顶式天花板多呈现出球状、抛物线状或棱锥状，这种样式可以使天花板看起来更具有弹性和可塑性。欧洲古典样式的穹顶多与采光结合，并配以雕塑和壁饰，增强了空间的围合感，气度非凡、雄伟壮观	
斜面式	山形墙、斜面天花板（多出现在顶层阁楼）会吸引人的视线往上看，使空间生动起来，也可以使空间体量明显地变大。当位于双斜坡屋顶之下时，天花板面可以具有四个方向的斜面。具有双斜面构架式的天花板，可以将斜面降至几乎到达地板面的高度，使之呈现出一种强烈的形态语言和趣味感	
雕刻式	对于许多比较低矮的住宅空间（2500 ~ 2600mm 净高），做任何形式的吊棚都不合适。但是如果不做任何造型装饰会感觉到天棚过于简单，最佳的解决方案是选用有雕刻工艺的灯盘或天花装饰板。雕刻工艺可以使整个天花看上去有一些细部，灯盘的厚度又不大（20 ~ 80mm），不会使空间产生压抑感	

三、天花装饰设计材料选用

天花装饰材料的选用见表3-12。

表3-12　　天花装饰材料

造型	内容	图示
纸面石膏板	纸面石膏板是目前应用量最大的天花造型材料。由于石膏是一种伸缩稳定的材料，它与硅酸盐类材料能够很好地结合，造型复杂的工艺易于完成，适合于凸凹、转折、曲线等装修形式	
FC 板	FC 板是一种纤维水泥板，可以像石膏板一样锯、钉，并具有良好的防水性。其工艺与石膏板相同	
方块石膏板、矿棉板	这种天花板表面无须进行处理，在吊装好的轻钢龙骨装饰条上直接铺放。造型虽然单调，但便于拆卸和更换。适用于商场、办公区域等大型场所	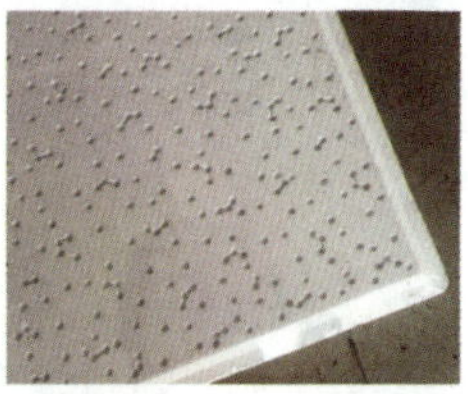
烤漆金属板	有条状和方块状两种基本规格，常见的有烤漆铝板和钢板。有多种颜色和铺装方式，特别适用于顶棚有可能漏水的场所	
铝塑板	表面上漆的铝板与塑料基层压制在一起，形成 15mm 的复合材料，颜色的选择余地很大。一般用粘贴的方式粘在木造型或 FC 板的表面	
PVC 板	PVC 板也称塑料扣板，是一种卫生间和厨房装修普遍使用的材料，不怕水，但不阻燃	
格栅类	格栅天花对吊顶没有封闭作用，属开敞式天花，但视觉上能形成规整、统一的整体效果，尤其是在不影响空调、消防设施的前提下，给维修带来了方便。值得注意的是，格栅天花内部空间的设施（管道、线路等）应处理成暗色调	

第六节 门窗装饰设计

一、门窗作用和设计要求

1. 门窗建筑设计要求

（1）门窗立面分格要符合美学特点，分格设计时，要考虑分格比例的协调性，就单个玻璃板块来说，长宽比接近黄金分格比是美的；门窗立面分格既要有一定的规律，又要体现变化，在变化中求规律；至少同一房间、同一墙面，门窗的横向分格线条要尽量处于同一水平线上，竖向线条尽量对齐；门窗立面设计时要考虑建筑的整体效果要求，比如建筑的虚实对比、光影效果、对称性等。

（2）门窗颜色的选配（包括玻璃和型材的颜色）。门窗的颜色的选配是影响建筑最终效果的重要一环。在确定颜色时要与建筑设计师、业主等多方共同商定，最终要有建筑设计师的签字确认。

（3）门窗的个性化设计。可以根据不同爱好和审美观点，设计出独特的门窗造型。

（4）门窗的通透性。门窗立面在主视部位的视线高度范围内（1.5~1.8m）最好不要设置横框和竖框，以免遮挡视线。有些门窗需要采用高透光率的玻璃或者要求具有较大的开阔视野，便于观看室外风景。

（5）门窗的采光和通风。门窗的通风面积和活动扇数量要满足建筑通风要求；同时门窗的采光面积也应满足相关建筑要求。

2. 门窗安全设计要求

（1）门窗铝型材壁厚要符合相关规定。

（2）门窗玻璃厚度经计算确定，并不宜小于5mm。

（3）推拉门窗窗扇与上下框导轨搭接量应不小于10mm，并且必须安装防脱落块和防撞块等安全措施，防止窗扇掉落和开启时碰撞伤人。

（4）建筑外墙面玻璃窗活动扇下框距室内地面高度应不低于900mm。特殊情况下如果低于900mm时应采取其他安全防护措施（如增加防护栏杆等）。

（5）铝合金门窗连接固定采用的螺钉、螺栓必须采用优质不锈钢制品，以防止电化腐蚀产生螺钉松动。不锈钢螺钉尽量采用机制螺纹，尽量避免使用自攻钉，螺钉连接最好设计成受剪状态。

（6）门窗与墙体要用可靠连接固定。

二、门窗装饰分类

1. 木门窗

木门窗是一种传统的建筑制品，20世纪60年代以前曾是世界各国最主要的门窗材料。在不同的市场上，其用户是千差万别的，有高档的，也有一般的，加上民族差异、宗教信仰、生活习惯、审美观念不同，所以木门窗的选材、造型、色彩往往会影响消费者的行为（图3-22、图3-23）。

实木门窗曾经被普遍使用多年，目前在建筑门窗市场占有量较大的是高密度纤维压型门，这种门属中档产品，它的款式多样，适合各种类型的室内布置，有一定的阻燃性，质量轻、不变形、价格适中，在北美的住宅中普及率已达60%以上。蜂窝夹芯门在国外属节能型产品，因此销售市场很大。据有关资料介绍，英国每年生产的各种建筑用门中，蜂窝夹芯门约占总产量的2/3。

2. 钢、彩板门窗

在铝合金门窗问世之前的一个时期内，空腹钢窗成为很多高层建筑的首选产品。这种以冷轧板为原料，经三合一液处理浸沾防腐底漆、人工涂刷面漆的门窗，一般都是由生产厂家提供窗框，在施工现场就位固定后再进行附件的装配，切割配装玻璃，并涂刷面漆。其做法不但效率低、浪费大，而

图3-22 木门

图3-23 木窗

且长期以来由于运输、存储及安装不当造成的严重问题根本无法得到解决。彩板组角钢门窗是在彩色钢板发展到一定阶段，具有相当产量的情况下发展起来的一种新型空腹钢窗（图3-24、图3-25）。

3. 铝合金门窗

铝型材的良好性能，使它一经投放市场便深受建筑师和用户的欢迎。

铝合金门窗的优势在世界上已有几十年历史，它的独特性能已被世人所公认，体轻，耐蚀，强度、刚度高，无毒，耐高温，防火性能好，使用寿命长，可满足各种复杂断面的多种功能，是一般材料很难替代的（图3-26）。

我国铝合金门窗行业发展迅速，从玻璃幕墙、玻璃采光屋顶，到世界最新的隐框玻璃幕墙、无框全玻璃幕墙以及最近几年在上海、广州等地出现的铝复合板幕墙，虽然起步较晚，但发展较快，水平较高（图3-27）。

4. 塑料门窗

作为门窗的第四代产品，在产量大增的塑料门窗市场中，已形成欧美两种不同的体系，欧洲以德国和奥地利为代表，主要窗型是平开兼下悬内翻转窗，其中，中悬、上悬窗为数不多。北美则主要采用上下提拉窗，又分上下单提拉窗和双提拉窗，平开窗、悬窗、推拉窗不占主导地位。我国绝大部分生产厂照搬欧式体系。其窗型产量最大的是推拉窗，其次是平开门窗及少量中悬窗，缺少上悬窗、手摇连杆开闭气窗、上下提拉窗（带翻转）、左右推拉带翻转窗、弧型窗和花园窗等新窗型（图3-28）。

5. 玻璃钢门窗

玻璃钢型材是以玻璃纤维及其制品为增强材料，以不饱和聚酯树脂为基体的玻璃纤维增强复合材料，用它制成的门窗与其他材料相比，既有钢窗、铝窗的坚固性，又有塑钢门窗的保温、节能、隔声性能，同时还具有高温不膨胀，低温不收缩，质轻，强度高，无须钢衬加固等优点（图3-29）。

图3-24 钢板门

图3-25 彩板钢窗

图3-26 铝合金门窗

图3-27 玻璃幕墙

图3-28 塑料窗

图3-29 玻璃钢门

第七节 设计案例：酒店大堂及餐厅设计（扫码下载案例）

案例二维码

本章小结

本章主要介绍了地面装饰设计、墙面装饰设计、天花装饰设计以及门窗装饰设计等建筑空间界面装饰设计内容。建筑室内空间的装饰设计，主要是对建筑内部空间按照一定的设计要求进行界面及空间分割的处理。建筑材料在建筑装饰设计中是极其重要的元素之一，它影响了整个建筑空间的环境氛围。在学习建筑装饰设计理论知识的同时，也要结合实际工程或到建材市场进行材料认知。

课后练习

1. 界面装饰材料的使用应遵循什么原则？
2. 地面图案的类型有哪些？
3. 地面装饰设计应符合哪些要求？
4. 墙面装饰设计有什么作用？
5. 天花装饰设计应注意哪些美学特征？
6. 门窗装饰设计要遵循哪些原则？
7. 室内空间界面与配套设施装饰设计时，要注意哪些问题？
8. 中国传统建筑中的天花与藻井有何异同？运用天花与藻井造型元素，结合现代审美，重新设计一处市政会议大厅的吊顶，面积与高度自定。

4

第四章

建筑装饰光环境设计

PPT 课件
（扫码下载）

》学习难度：★★★☆☆

》重点概念：光源特性、光源选择、照明运用

》章节导读：在现代建筑装饰中，灯光效果的运用很普遍也很重要，一个完美的建筑装饰作品，其装饰风格和艺术效果往往是通过灯光反映出来，并展现给人们的。因此，灯具和光源应合理巧妙地运用，来渲染空间气氛，丰富空间内容，装饰空间艺术，使灯光与艺术有机地融为一体。

第一节 灯光照明的基本概念

一、光的特性与照明方式

光是属于一定波长范围内的一种电磁波辐射，而电磁辐射的波长范围很广，短的如γ射线，波长小到如同原子的直径；长的如通信用无线电波，波长可达数万米，而可见光的电磁辐射在380～780nm范围内。在可见光谱范围内，不同波长的辐射使人的颜色视觉各有不同，如700nm为红色，580nm为黄色，510nm为绿色，470nm为蓝色。紫外线波长在100～380nm，人眼看不见，红外线波长在780～1mm。太阳是天然的红外线发射源，白炽灯一般可发射波长在500nm之内的红外线。

1. 光的度量指标

光的度量有以下几个指标（表4-1）。

2. 光色应用

在建筑装饰中其灯光光色有两方面含义：一是人眼直接观察光源时所看到的颜色，即光源的色表（又称色温）；二是光源的光照射在物体上所产生的客观效应，即显色性。色温和照度的高低对人的色视觉影响很大。暖色调光源，如白炽灯，即使在较低照度，人的视觉也会感觉舒适，而冷色调光源，如荧光灯，只有在高照度时人的视觉才有舒适感。

3. 灯光照明方式

按灯具的散光方式，照明灯分为以下五大类。

（1）直接照明。光源的全部或90%以上直接投射到被照物体上。特点是亮度大，给人以明亮、紧凑的感觉。

（2）半直接照明。光源的60%～90%直接投射到被照物体上，其中10%～40%经反射后再投射到被照物体上，它的亮度仍然较大，但比直接照明柔和。

（3）间接照明。光源间接照到被照物体上。光量弱，光线柔和，无眩光和明显阴影，具有安详、平和的气氛。

（4）半间接照明。光源60%以上的光经过反射后照到被照物体上，只有少量光直接射向被照物体。

（5）漫射照明。利用半透明磨砂玻璃罩、乳白罩或特制的格栅，使光线形成多方向的漫射，其光线柔和，有很好的艺术效果，适用于起居室、会议室和一些大的厅、堂照明。

二、常用术语及推荐照度范围

照明常用术语及推荐照度范围分别见表4-2、表4-3。

表4-1 光的度量指标

名称	符号	单位	说明
光束（光通量）	Φ	流明（Lm）	光源每秒钟所发出的总和，简单地说就是发光量
光强	I	灯光（Cd）	光的强度，在某一特定方向角内所放射的量
照度	E	勒克斯（Lm/m^2）	单位面积内所入射光的量，也就是光束除以面积（m^2）所得到的值用来表示某一场所的明亮度
色温	K	开尔文（K）	当光源所发出的光的颜色与“黑体”在某一温度下辐射的颜色相同时，“黑体”的温度就成为该光源的色温。“黑体”的温度越高，光谱中蓝色的成分则越多，而红色的成分则越少，例如白炽灯的光色是暖白色，其色温表示为2700K，而日光色荧光灯的色温表示为6000K

表4-2　常用术语

名称	说明
光色	光色实际上就是色温，大致分三类：暖色 <3300K，中间色 3300 至 5300K，日光色 >5300K。由于光线中光谱的组成有差别，因此即使光色相同，光的显色性也可能不同
显色性	原则上，人造光线应与自然光相同，使用肉眼能正确辨别事物的颜色。当然，这要根据照明的位置和目的而定。光源对于物体颜色呈现的程度称为显色性，通常叫作“显色指数”（Ra）
灯具效率	灯具效率（也叫光输出系数）是衡量灯具利用能量效率的重要标准，它是灯具输出的光通量与灯具内光源输出的光通量之间的比例
光源效率	即每一瓦电力所发出的量，其数值越高表示光源的效率越高，所以对于使用时间较长之场所，如办公室走廊、道路、隧道等，效率通常是一个重要的考虑因素
亮度	光源在某一方向上的单位投影面在单位立体角中反射光的数量，称为光源在某一方向的光亮度，符号为 L，单位为 cd/m^2（坎德拉每平方米）
眩光	视野内有亮度极高的物体或强烈的亮度对比，则可以造成视觉不舒适称为眩光。眩光可以分为失能眩光和不舒适眩光。眩光是影响照明质量的重要因素
功率因数	电路中有用功率与视在功率（电压与电流的乘积）的比值
平均寿命	即额定寿命，是指 50%的灯失效时的寿命
光束角	光束角指的是灯具 1/10 最大光强之间的夹角

表4-3　推荐照度范围

序号	照度范围（Lx）	场所或活动类型
1	20 ~ 30 ~ 50	室外活动场所及工作场所，如走廊、贮藏室、楼梯间、浴室、咖啡厅、酒吧、站前广告等
2	30 ~ 100 ~ 150	流通场所，短程旅行的方向定位。如电梯前室、客房服务台、酒吧柜台、室内菜场营业厅、值班室、邮电、游艺厅、剧场、进站大厅、问讯处、诊室、商场通道区等
3	100 ~ 150 ~ 200	非连续使用的工作场所。办公室、接待室、客房写字台、商店货架、柜台、小卖部、厨房、售票房、排演厅、检票处、手术室、放射室、广播室、总机室、电教室、保龄球馆、理发室等
4	200 ~ 300 ~ 500	简单视觉要求的作业区。如阅览室、设计室、橱窗、陈列室、美容、烹调、体育运动的训练场、玻璃、石器、金属品展览厅，保龄球、排球、羽毛球、武术等比赛场
5	300 ~ 500 ~ 700	中等视觉要求的作业。体操、网球、篮球比赛场、游泳、跳水比赛场、绘图室、印刷机房、木材机械加工、一般精细作业、粗加工、机床区、电修车间等
6	500 ~ 750 ~ 1000	较强视觉要求的作业。乒乓球、围棋、象棋等比赛场，金属加工厂、机电装配车间的小件装配、电修车间（精密）、打字室、抛光车间等
7	750 ~ 1000 ~ 1500	较高视觉要求的作业
8	1000 ~ 1500 ~ 2000	特殊视觉要求的作业
9	2000 以上	进行很精确的视觉作业

第二节 灯光照明设计原则与表现方式

一、灯光照明设计原则

1. 功能性原则

灯光照明设计必须符合功能的要求，根据不同的空间、不同的场合、不同的对象选择不同的照明方式和灯具，并保证恰当的照度和亮度。例如，会议大厅的灯光照明设计应采用垂直式照明，要求亮度分布均匀，避免出现眩光，一般宜选用全面性照明灯具（图4-1）；商店的橱窗和商品陈列，为了吸引顾客，一般采用强光重点照射，以强调商品的形象，其亮度比一般照明高出3~5倍，为了强化商品的立体感、质感和广告效应，常使用方向性强的照明灯具和利用色光来提高商品的艺术感染力（图4-2）。

2. 美观性原则

灯光照明是装饰美化环境和创造艺术气氛的重要手段。为了对室内空间进行装饰，增加空间层次，渲染环境气氛，采用装饰照明，使用装饰灯具十分重要。在现代家居建筑、影剧建筑、商业建筑和娱乐性建筑的环境设计中，灯光照明已成为整体的一部分（图4-3、图4-4）。

图4-1 会议室灯光

图4-2 商品灯光

图4-3 奥斯卡曼哈顿国际影城

图4-4 莫斯科国家百货商场

3. 经济性原则

灯光照明并不一定以多为好，以强取胜，关键是科学合理。灯光照明设计是为了满足人们视觉生理和审美心理的需要，使室内空间最大限度地体现实用价值和欣赏价值，并达到使用功能和审美功能的统一。华而不实的灯饰非但不能锦上添花，反而画蛇添足，同时造成电力消耗，能源浪费和经济上的损失，甚至还会造成光环境污染而有损身体的健康。

4. 安全性原则

灯光照明设计要求绝对的安全可靠。由于照明来自电源，必须采取严格的防触电、防断路等安全措施，以避免意外事故的发生。

二、灯光表现形式

1. 面光表现

面光是指室内天棚、墙面和地面做成的发光面。天棚在光的特点上是光照均匀，光线充足，表现形式多种多样。如用日光灯吊顶，光线密度均需一致，以确保每个空间都光线充足；又如用大面积筒灯吊顶，天棚上有规律的牛眼灯，犹如夜空星罗棋布；再如结合天棚梁架结构，设计成一个个光井，光线从井格射出，产生别具一格的空间效果[图4-5（a）]。

2. 带光表现

带光是将光源布置成长条形的光带。表现形式变化多样，有方形、格子形、条形、条格形、环形（圆环形、椭圆形）、三角形以及其他多边形。如周边平面型光带吊顶、周边凹入型光带吊顶、内框型光带吊顶、内框凹入型光带吊顶、周边光带地板、内框光带地板、环型光带地板、上投光槽、天花凹光槽、地脚凹光槽等。

3. 点光表现

点光是指投光范围小而集中的光源。由于它的光照明度强，大多用于餐厅、卧室、书房以及橱窗、舞台等场所的直接照明或重点照明。点光表现手法多样，有顶光、底光、顺光、逆光、侧光等。

4. 静止灯光与流动灯光

（1）静止灯光。灯具固定不动，光照静止不变，不出现闪烁的灯光为静止灯光。绝大多数室内照明采用静止灯光，这种照明方式，能充分利用光能，并创造出稳定、柔和、和谐的光环境气氛，适用于学校、工厂、办公大楼、商场、展览会等场所[图4-5（b）]。

（2）流动灯光。是流动的照明方式，它具有丰富的艺术表现力，是舞台灯光和都市霓虹灯广告设计中常用的手段。如舞台上使用“追光灯”，不断追逐移动的演员，又如用作广告照明的霓虹灯不

（a）

（b）

图4-5 静止灯光

（a）　（b）

图4-6　流动灯光

（a）　（b）

图4-7　咖啡馆灯光应用

断地流动闪烁，频频变换颜色，不仅突出了艺术形象，而且渲染了环境艺术气氛（图4-6）。

三、室内照明与艺术效果

1. 创造氛围

光的亮度和色彩是决定气氛的主要因素。一般来说，亮的房间比暗的房间更为刺激，但是这种刺激必须和空间所应具有的气氛相适应。极度的光和噪声一样都是对环境的一种破坏。有关调查资料表明，荧屏和歌舞厅中不断闪烁的光线使人体内维生素A遭到破坏，导致视力下降。适度愉悦的光能激发和鼓舞人心，而柔弱的光令人轻松而心旷神怡。光的亮度也会对人心理产生影响，对于私密性的谈话区照明可以使用光线弱的灯和位置布置得较低的灯，使周围造成较暗的阴影，天棚显得较低，使房间似乎更亲切（图4-7）。

2. 加强空间感与立体感

空间的不同效果，可以通过光的作用充分表现出来。实验证明，室内空间的开敞性与光的亮度成正比，亮的房间感觉要大一点，暗的房间感觉要小一点，充满房间的无形的漫射光，也使空间有无限的感觉，而直接光能加强物体的阴影，光影相对比，能加强空间的立体感。

可以利用光的作用，来加强希望注意的地方，如趣味中心，也可以用来削弱不希望被注意的次要地方，从而进一步使空间得到完善和净化。许多商店为了突出新产品，在那里用亮度较高的重点照明，而相应地削弱次要的部位，获得良好的照明艺术效果（图4-8）。照明也可以使空间变得实和虚，许多台阶照明及家具的底部照明，使物体和地面“脱离”，形成悬浮的效果，从而使空间显得空透、轻盈（图4-9）。

图4-8 服装店灯光

图4-9 家电灯光应用

第三节 建筑装饰中的光源选择及运用

一、根据装饰环境的使用功能来选择

不同环境、不同场所，对灯光的要求各有不同。如写字间、办公室等办公性场所，要求灯光的照度必须满足使用要求。我国目前规定的照度值为100～200Lx，国际上一些发达国家的办公写字间照度为500Lx以上，远高于我国。同时，还应考虑灯光的色彩影响，办公场所需有一个宁静、清澈的空间环境，光源宜选用冷色调，如荧光灯系列的格栅式荧光灯，荧光灯发光顶发出的光为漫射型，光源较好，不易产生眩光。尤其是蝙蝠翼式配光荧光灯更为理想，这种灯的光在30° 方向最强，灯的正下方光强较低，作业面反射光不会与视线重合而射入人眼（图4-10）。

对一些餐饮、酒店、大堂等场所，灯光宜选用暖色光源，因这类场所要求空间环境具有一种温馨、亲近的感觉，尤其是大堂，因其占据位置比较显著，是装饰风格的集中表现，灯光的选择更为重要，一般可选择豪华水晶花灯或豪华吊灯来渲染大堂的空间艺术气氛，使大堂更加富丽堂皇（图4-11）。

图4-10 办公区域灯光

图4-11 酒店休息区域

二、根据装饰装修的艺术风格来选择

不同场所，装饰的艺术风格各有不同，选用的灯具与光源也各不相同，如欧式西餐厅，无论是功能摆布，设施选用和装饰材料的运用及空间艺术处理，均为欧式建筑艺术语言，灯具与光源就要根据其特殊风格来选择，如欧式水晶花灯、欧式吊灯、壁灯等，其光源宜选用点式暖光源，如白炽泡、蜡烛泡等，而不宜选用荧光灯等冷色光源。一些具有现代风格的快餐厅、快卖店等，所选用的材料均为新型材料，如复合塑铝板、白钢板、石膏板饰面刮大白等，其材料选择及装修风格均体现出现代快节奏，空间有明亮清快感，灯光选择宜选用荧光灯，节能型荧光泡等冷色光源。

三、根据灯具造型及安装方式来选择

在装饰装修领域中，灯具作为艺术组成的一部分，它有多种多样的造型和各种安装形式。如天花上安装的水晶花灯、吊灯、筒灯、吸顶灯、射灯、格栅灯等；墙壁上安装的各种艺术壁灯、镜前灯、床头灯等；地面上安装的地灯、标志灯；另外还有水底灯，各种舞台、舞厅专业灯，室外用的投光灯、霓虹灯、庭院灯等。

这些灯的造型千姿百态，光源多种多样，所以可根据装饰风格及使用要求，科学合理地选用。如可以利用各种艺术壁灯来渲染装饰墙面或柱面；对喷泉水池，可以用各种色彩的水底灯来映照水景，使之更加艳丽多彩，栩栩如生；对宽敞豪华的大堂，选用造型各异的水晶花灯，可使大堂更加豪华明亮。

第四节　建筑光环境

一、光环境与建筑空间

在建筑装饰设计中，好的设计可以渲染出各种各样的气氛，可以提高人们的生活质量，给人以精神上的升华和陶冶。根据不同的场合环境应用不同的光环境效果，不同的人群设计不同的灯光，甚至不同的时间有不同的光环境。总之是灵活多变的但求合理人性化。

具体来说，室内光环境具有以下两种作用。

1. 对室内空间外观的影响

光环境很大程度上决定了一个室内的气氛和感觉。不同目的、不同性质的空间对光环境有着不同的要求。

在连续空间序列中，光同样显示出自己的潜力。由于空间概念加入了时间因素，使人们不再从静止的角度观赏空间，建筑不再是凝固的音乐，而是可以体验的流动空间序列。

光由于可以限定空间，改变空间的性质，在创造空间序列时，通过控制亮与暗、大与小、虚与实、强与弱可获得抑扬顿挫的空间连接起伏效果，构成复合的室内光空间序列。

2. 对作业效能的影响

室内光环境可以帮助或妨碍视觉工作的完成。如眩光会造成注意力的分散，而合理的照度及光色可以提高人的兴奋程度。

（1）灯光能给人以方向感，并能得以界定清楚人们在时空中的位置。

（2）灯光能在一个场所内营造出一种状态和一种气氛，能够满足人们的需要和期望。

（3）灯光能满足并促进人际交流。

（4）灯光能传达一种信息。

（5）灯光能够使我们看见并识别所处的环境。

二、光环境与心理学

在光的作用下，人们才会有视觉上的感官，人的身心都会受到光环境极大的影响。室内空间完成功能需要之后，最终要解决与人的情感交流需要。

1. 视觉心理学

观众进入艺术世界，就仿佛置身于幼年时代对黑暗的摸索之中，自身会被带进一个对象和视觉相联系的复杂结构中。在艺术史的发展历程中，为营造逼真的空间环境，艺术一直致力于在物体上逼真地分布日光和人造光。在不断发展之中，光源已经不仅仅是观察到的事实，逐渐成为有规律的创造物（图4-12、图4-13）。

2. 建筑光环境设计心理学因素分析

在建筑艺术中，建筑师常常会使用自然光这一设计语言展现艺术魅力，所以，现代主义建筑师往往倾向于使用自然光。安藤忠雄在设计风之教堂时，利用在建筑物墙面上开口，使室内渗透进阳光，在墙面开口的设计手法将相似性、邻近性、连续性、对称性等知觉特性原则全面考虑在内，在墙面开口设计成连续渐变的长方形带状开口，缝隙中渗透进大量的光线，有规律地构成空间序列，并且经过一个个重复交错的光影，给空间带来一丝丝灵动和生命的气息（图4-14）。

图4-12　甜点展示

图4-13　橱窗灯光

（a）　（b）

图4-14　风之教堂（安藤忠雄）

形成视觉感知的前提即为具有光，所以视觉感知是人对建筑空间感知的主要来源，由此可见，光环境设计应当和人的视觉和心理感受结合起来，进而对理想的建筑空间进行设定，打造特定的空间氛围。

补充要点

防止光对环境的污染

1. 设计时应根据不同空间、对象，选择不同的照明方式。一般卧室灯光要比较温馨，采用暖色光源；书房和厨房的灯光则要求明亮和实用，采用冷色光源比较好；卫生间的灯光应温暖、柔和，宜采用暖色光源。
2. 保持稳定的光源，避免明暗交替或闪烁的现象，才能保护视力，提高工作与学习效率。避免强光直射入眼而产生的不良影响，可采用把灯光打到天花板后反射下来的“二次照明”的方法，这样既增添了浪漫的氛围又不损伤眼睛。
3. 正确挑选反射系数较小的瓷砖，白色和金属色瓷砖反光强烈，避免大面积应用。书房和儿童房则可考虑用地板代替地砖，如果安装的地板抛光砖比较明亮，平时注意应开小灯以降低“光污染”。浅色涂料对视力的影响比较小，尽量使用米黄色、浅黄色等代替刺眼的白色涂料，以减弱墙壁高亮度的反射光伤害。
4. 在起居室可以种植植物，不仅可以调节室内光环境，也可以让人感受到大自然的清新。
5. 沐浴时尽量减少使用“浴霸”等辅助设备，否则因为耀眼的灯光刺激了大脑中枢神经，可能出现头晕目眩、注意力不集中、失眠以及食欲下降等症状。

第五节 装饰灯具

现代灯具包括家居照明、商业照明、工业照明、道路照明、景观照明、特种照明等。

家居照明从电的诞生出现了最早的白炽灯泡，后来发展到荧光灯管，再到后来的节能灯、卤素灯、卤钨灯、气体放电灯和LED特殊材料的照明等，所有的照明灯具大多还是在这些光源的发展下而发展，如从电灯座到荧光灯支架到目前的各类工艺灯饰等。

商业照明的光源也是在白炽灯基础上发展而来的，如卤素灯、金卤灯等，灯具主要有聚光和泛光两种，标牌、广告、特色橱窗和背景照明等都是根据不断地发展需求应运而生的（图4-15）。

工业照明的光源是以气体放电灯、荧光灯为主，结合其他的灯具灯饰，如防水、防爆、防尘等要求来定制，但是工业照明是需要谨慎的，特别是在选择光源和灯具上都有讲究，如服装制作的颜色、面料质地在不同的光源下所产生的效果是不一样的，灯具的选择主要考虑反射性，照度，维护系数等（图4-16）。

道路照明和景观照明的灯具选择上是完全不一样的，不要以为只是照明就可以了，道路照明不能一味追求美观而忽视安全照度和透雾性，而景观照明灯具和光源的选择就要充分考虑节能和美观了，因为景观照明不需要那么高的照度，只要营造一个照明的特色就可以了（图4-17）。

图4-15 商业照明

图4-16 工业照明

图4-17 景观照明

一、装饰灯具选择原则

1. 与房间高度相适应

房间高度在3m以下时，不宜选用长吊杆的吊灯及垂度高的水晶灯，否则会有碍安全。

2. 与房间的面积相适应

灯饰的面积不要大于房间面积的2%～3%，如照明不足，可增加数量，否则会影响装饰效果。

3. 与整体的装修风格相适应

中式、日式或欧式的灯饰要与周围的装修风格协调统一，才能避免给人以杂乱的感觉。

4. 与房间的环境质量相适应

卫生间、厨房等特殊环境，应该选择有防潮、防水特殊功能的灯饰，以保证正常使用。

5. 与顶部的承重能力相适应

特别是做吊顶的顶部，必须有足够的荷载，才能安装相适应的灯饰。

二、灯具的分类及特点

1. 吊灯

吊灯的花样最多，常用的有欧式烛台吊灯、中式吊灯、水晶吊灯、羊皮纸吊灯、时尚吊灯、锥形罩花灯、尖扁罩花灯、束腰罩花灯、五叉圆球吊灯、玉兰罩花灯、橄榄吊灯等。吊灯的安装高度，其最低点应离地面不小于2.2m。

（1）欧式烛台吊灯。欧洲古典风格的吊灯，灵感来自古时人们烛台照明方式，那时人们都是在悬挂的铁艺上放置数根蜡烛。如今很多吊灯设计成这种款式，只不过将蜡烛改成了灯泡，但灯泡和灯座还是蜡烛和烛台的样子［图4-18（a）］。

（2）水晶吊灯。市场上的水晶灯大多由仿水晶制成，但仿水晶所使用的材质不同，质量优良的水晶灯是由高科技材料制成，而一些以次充好的水晶灯甚至以塑料充当仿水晶的材料，光影效果自然很差。所以，在购买时一定要认真比较、仔细鉴别［图4-18（b）］。

（3）中式吊灯。外形古典的中式吊灯，明亮利落，适合装在门厅区。在进门处，明亮的光感给人以热情愉悦的气氛，而中式图案又会告诉那些张扬浮躁的客人，这是个传统的家庭。要注意的是，灯具的规格、风格应与建筑空间风格相配套。另外，如果想突出屏风和装饰品，则需要添加射灯[图4-18（c）]。

（4）时尚吊灯。现代风格的吊灯往往更受欢迎。目前市场上具有现代感的吊灯款式众多，供挑选的余地非常大，各种线条均可选择[图4-18（d）]。

2. 吸顶灯

吸顶灯常用的有方罩吸顶灯、圆球吸顶灯、尖扁圆吸顶灯、半圆球吸顶灯、半扁球吸顶灯、小长方罩吸顶灯等。吸顶灯可直接装在天花板上，安装简易，款式简单大方，赋予空间清朗明快的感觉（图4-19）。

3. 落地灯

落地灯常用作局部照明，不讲全面性，而强调移动的便利，对于角落气氛的营造十分实用。落地灯的采光方式若是直接向下投射，适合阅读等需要精神集中的活动；若是间接照明，可以调整整体的光线变化。落地灯的灯罩下边应离地面1.8m以上（图4-20）。

（a）欧式烛台吊灯　（b）水晶吊灯　（c）中式吊灯　（d）时尚吊灯

图4-18　吊灯

（a）　（b）

图4-19　吸顶灯

图4-20 落地灯

4. 壁灯

壁灯常用的有双头玉兰壁灯、双头橄榄壁灯、双头鼓形壁灯、双头花边杯壁灯、玉柱壁灯、镜前壁灯等。壁灯的安装高度，其灯泡应离地面不小于1.8m。选壁灯主要看结构、造型，一般机械成型的较便宜，手工的较贵。铁艺锻打壁灯、全铜壁灯、羊皮壁灯等都属于中高档壁灯，其中铁艺锻打壁灯销量最好（图4-21）。

5. 台灯

台灯按材质分陶灯、木灯、铁艺灯、铜灯等，按功能分为护眼台灯、装饰台灯、工作台灯等，按光源分灯泡、插拔灯管、灯珠台灯等。选择台灯主要看电子配件质量和制作工艺，一般小厂家台灯的电子配件质量较差，制作工艺水平较低，所以消费者要选择大厂家生产的台灯。一般客厅、卧室等用装饰台灯，工作台、学习台用节能护眼台灯，但节能灯不能调光（图4-22）。

6. 筒灯

筒灯一般为嵌装于天花板内部的隐置性灯具，所有光线都向下投射，属于直接配光。可以用不同的反射器、镜片、百叶窗、灯泡，来取得不同的光线效果。筒灯不占据空间，可增加空间的柔和气氛，如果想营造温馨的感觉，可试着装设多盏筒灯，减轻空间压迫感（图4-23）。

7. 射灯

射灯可安置在吊顶四周或家具上部，也可置于墙内、墙裙或踢脚线里。光线直接照射在需要强调的家什器物上，以突出主观审美作用，达到重点突出、环境独特、层次丰富、气氛浓郁、缤纷多彩的艺术效果。射灯光线柔和，雍容华贵，既可对整体照明起主导作用，又可局部采光，烘托气氛（图4-24）。

三、建筑大师灯具赏析

1. 隈研吾

日本著名建筑大师隈研吾对木材尤为喜爱。在他与灯具品牌Lasvit合作的吊灯上，木材的自然纹理被烙刻在玻璃制成的灯上，隈研吾称这像是一次尝试，一次在玻璃中捕捉木材灵魂的尝试（图4-25）。

图4-21 壁灯

图4-22 台灯

图4-23 筒灯

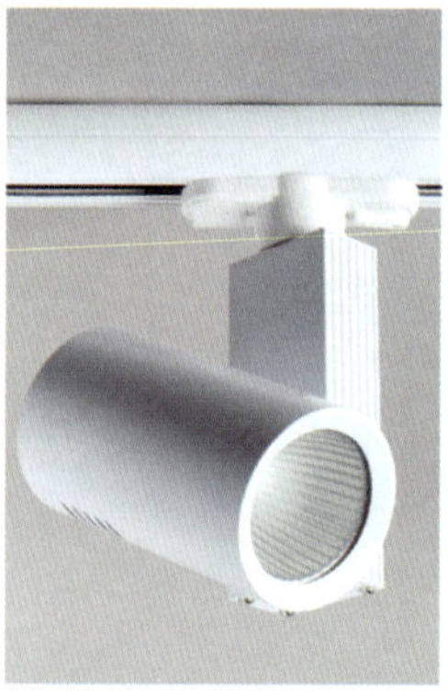

图4-24 射灯

（a） （b）

图4-25 《Yakisugi》灯具作品

图4-25：《Yakisugi》灯具作品的灵感来源于一种叫烧杉板（Yakisugi）的工艺，它通过碳化木材表面来保护木材本身。不仅如此，灯的制作过程也饶有趣味，工匠将玻璃加热至熔融状态，用木质模型为它定型；在灼烧过程中，木材的纹理烙印在玻璃上。因为木质模型不能重复使用，所以玻璃吊灯的花纹独一无二。

2. 扎哈·哈迪德

历史上首位荣获普利兹克建筑奖的女性建筑师扎哈·哈迪德，其作品在男性主导的建筑世界里依旧闪耀。在灯具设计上，她同样有着不凡的成就（图4-26）。

3. 弗兰克·劳埃德·赖特

1991年，弗兰克·劳埃德·赖特被美国建筑师学会评为“最伟大的美国建筑师”。在他去世后，其基金会开始与日本灯具品牌Yamagiwa合作，从那以后，赖特的灯具作品才逐渐为公众所知。他设计的灯具造型往往源于建筑的某个部分，所以结构性极为突出（图4-27）。

4. 弗兰克·盖里

弗兰克·盖里的建筑作品以不规则的曲线和雕塑般的外观而著称，他在灯具设计领域同样独树一帜。这组鱼灯模拟了鱼在跳跃时卷曲盘绕的姿态，同时散发出温暖的光线。其中包含着一种对生命的暗示，通过鱼灯表面近乎有机的纹理，显示出材料、形式与功能的精神共生（图4-28）。

5. 伊东丰雄

日本建筑师伊东丰雄的灯具作品同样值得关注。他的MAYUHANA系列灯具像是复杂的纤维网球，层层叠叠。从纤维球中透出的光线无比柔和，这让人联想到日本的传统纸灯笼，这不失为一种对经典的怀念与致敬（图4-29）。

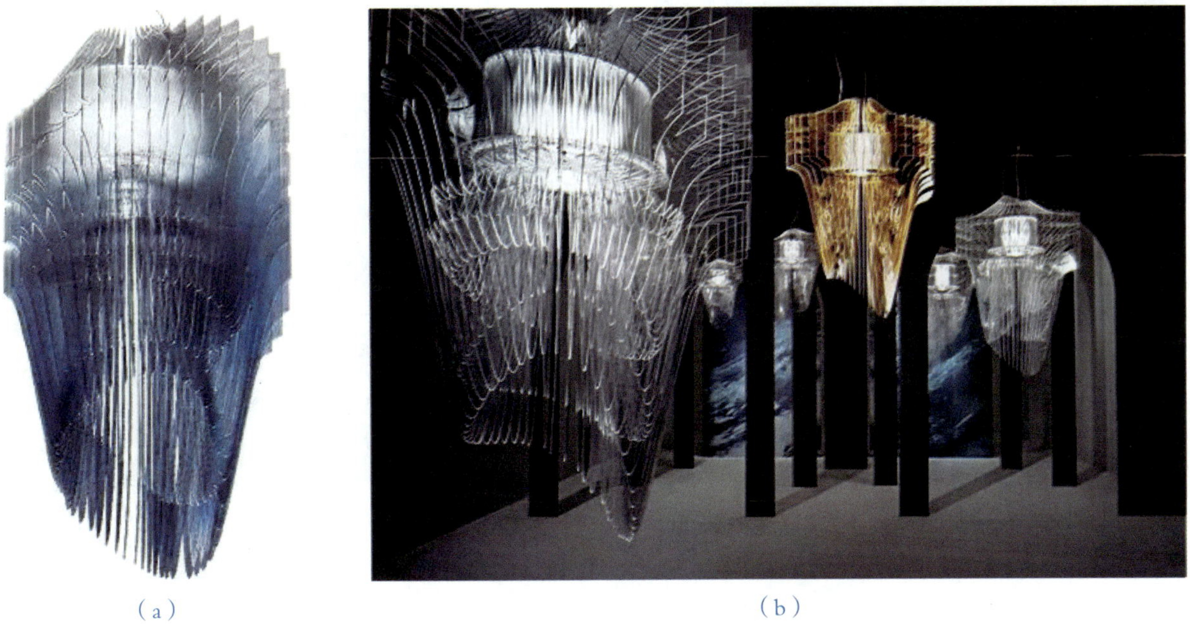

（a） （b）

图4-26 Aria Suspension

（a）

（b）

图4-27　樱桃木

图4-27：这件落地灯由一系列包含光源的盒子组成，这些灯盒以交替的垂直角度附着在灯杆上。赖特的设计尤为巧妙，这使得落地灯的光源不会直射人眼，并且光线也非常柔和。

（a）

（b）

图4-28　鱼灯

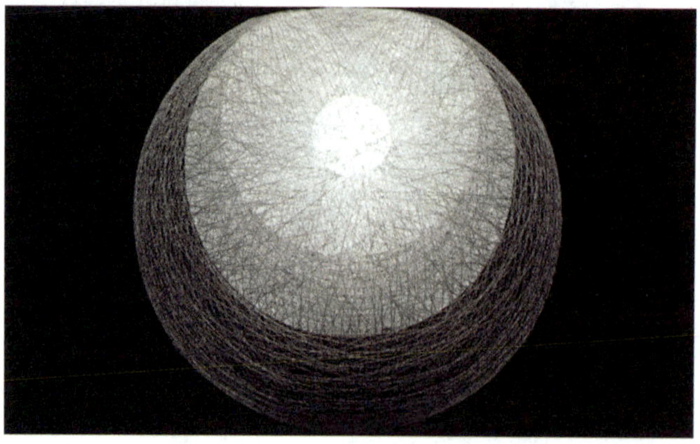

（a）

（b）

图4-29　mayuhana

案例二维码

第六节 设计案例：光环境设计（扫码下载案例）

本章小结

本章主要介绍了照明的基本概念、设计原则、表现方式、光源选择等内容，并详细解析了光环境与空间、心理学的关系；在基础照明的情况下，通过添加照明灯饰，为建筑空间环境增添气氛。建筑装饰照明不同于一般照明，对艺术性和功能性要求较高，同时，把握住以人为本这个中心思想。

课后练习

1. 光有哪些特性？
2. 灯光照明的设计原则是什么？
3. 灯光照明有哪些表现形式？
4. 照明灯具的选用应该遵守哪些原则？
5. 光环境对建筑空间有什么影响？
6. 光环境对人的心理会产生何种影响？举例说明。
7. 考察当地知名建筑夜间灯光照明，多角度拍摄照片，指出照明设计的不足，给建筑外部造型补充中国传统设计元素，并重新设计灯光照明。

第五章

建筑装饰色彩设计

PPT 课件
（扫码下载）

» **学习难度：** ★★★☆☆

» **重点概念：** 概念、作用、原则

» **章节导读：** 色彩能改变建筑空间的环境气氛，会影响其他视知觉的印象。有经验的建筑师和室内设计师都十分重视色彩对人的物理的、生理的和心理的作用，十分重视利用色彩来唤起人的联想和情感的效果，以期在室内设计中创造出富有性格、层次和美感的空间环境。所以学习和掌握色彩的基本规律，并在设计中恰当地运用，是十分必要的。

第一节 色彩的基本概述

色彩在建筑装饰设计中，具有相当重要的作用。与形状相比，色彩更能引起人的视觉反映，而且还直接影响着人们的心理和情绪。因为在人体的各种知觉中，视觉是最主要的感觉，据说人依靠眼睛可获得约87%的外来信息。而眼睛只有通过光的作用在物体上造成色彩才能获得印象。所以，色彩有唤起人的第一视觉的作用。

一、色彩的产生与发展

人类对色彩的感知同历史发展一样，是一个相当漫长的过程，而人们有意识地应用色彩则是从原始人用固体或液体颜料涂抹面部与躯干开始的。颜料的制作是人们从烤肉时流出的油与某些泥土的偶然混合开始，逐渐发展为以蛋清、蜡、亚麻油、树胶、酪素和丙烯聚合剂等作颜料结合剂。直到17世纪60年代，英国的物理学家牛顿用三棱镜将白色太阳光分解成红、橙、黄、绿、青、蓝、紫顺次排列的七色光谱。这一划时代的科学发现，奠定了色彩学研究的科学理论基础。

从广义上讲，色彩是指波长在380～780nm的可见光在人的大脑中形成的色彩印象和判断，它包含了人能感知到的色彩现象——色光色与颜料色（图5-1）。

（a）色光色

（b）颜料色

图5-1 色彩

图5-1（a）：色光三原色。又称加法三原色，由红光、绿光、蓝光三种光色构成，三种等量混合可以获得白色，应用在电视、电脑等影视图像显示。

图5-1（b）：颜料三原色。又称减法三原色，由品红、黄、蓝三种颜色组成，可以混合出所有的颜色，等量相加则为黑色。从狭义上讲，色彩主要是指颜料色。

补充要点

原色、间色和复色

1. 原色

红、黄、蓝三种颜色无法用其他任何颜色调配而成，故称为原色。

2. 间色

指两个原色相混合所产生的颜色，如橙、绿、紫（红+黄=橙、黄+蓝=绿、红+蓝=紫）。

3. 复色

复色是由三种原色或两种间色按不同比例混合可调配出来的各种不同颜色，如蓝灰、黄灰、绿灰等。

二、色彩的基本属性

1. 色相与色相环

色相，即红、橙、黄、绿、青、蓝、紫等各种颜色的相貌称谓。色相是色彩的首要特征，是区别各种不同色彩的最准确的标准。除了黑、白、灰之外，任何颜色都有色相的属性。色相是由原色、间色和复色构成的。

色相环是一种圆形排列的色相光谱，色彩是按照光谱在自然中出现的顺序（光谱顺序：红、橙红、黄橙、黄、黄绿、绿、绿蓝、蓝绿、蓝、蓝紫、紫）来排列的。暖色位于包含红色和黄色在内的半圆之内，冷色则在包含蓝绿色和紫色的半圆内，互补色则出现在彼此相对的位置上。

常见的色相环分为12色与24色（图5-2）。

色彩可以分为有彩色和无彩色，色相环中的色彩就属于有彩色。无彩色就是黑与白，以及不同程度的灰（图5-3）。无彩色可以与任一颜色搭配。

2. 色相对比

色相环上任何两种颜色或多种颜色并置在一起时，在比较中呈现色相的差异，从而形成的对比现象，称之为色相对比。根据色相对比的强弱可分为：同一色相对比在色相环上的色相距离角度是0°；邻近色相在色相环上相距15°～30°；类似色相对比在60°以内；中差色相对比在90°以内；对比色是在120°以内；补色相对比在180°以内；全彩色对比范围包括360°色相环（包括明度、纯度、冷暖）。任何一个色相都可以自为主色，组成同类、邻近、对比或互补色相对比。

3. 冷色、暖色与无彩色

大多时候，我们选择用冷色和暖色来进行区分，这样通过冷色或暖色来作为基调很容易掌握整体的环境氛围，不易出错。色相环上所有的色彩中，绿色与紫红色属于中性色，中性色左侧的为冷色，右侧的为暖色。黑、白、灰属于无彩色，可以与色相环上的任何颜色相调配。

（a）12色相环

（b）24色相环

图5-2 色相环

图5-3 无彩色

4. 明度

色彩明度是指色彩的亮度或明度。色彩的明度变化有三种情况：一是不同色相间的明度变化，例如，在没有调配过的原色中，黄色的明度最高、紫色的明度最低；二是在同一颜色中，加入白色则明度升高，加入黑色则明度变暗，但同时这种颜色的饱和度（纯度）就会降低；三是在相同颜色的情况下，因光线照射的强度会产生不同的明暗变化。在无彩色中，白色明度最高，黑色明度最低。有彩色中，黄色明度最高、蓝紫色明度最低。亮度具有较强的对比性，它的明暗关系只有在对比中，才能显现出来。

5. 纯度

纯度就是指色彩的鲜艳度。从科学的角度看，一种颜色的鲜艳度取决于这一色相发射光的单一程度。人的肉眼能辨别的有单色光特征的色，都具有一定的鲜艳度。不同的色相不仅明度不同，纯度也不相同，越鲜艳的颜色纯度越高。纯度的强弱是指色相的感觉明确或含糊的程度，高纯度的颜色加入无彩色，不论是提高明度还是降低明度，都会降低它们的纯度。

补充要点

降低色彩纯度的方法

1. 加入无彩色，即黑、白、灰。纯色混合白色可以降低其纯度，提高明度，同时色彩会变冷。各色混合白色以后会产生色相偏差，色彩感觉更加柔和、轻盈、明亮。纯色混合黑色，则会既降低纯度，又降低明度，同时色彩会变暖。各色加黑色以后，会失去原来的光亮感，变得沉稳、安定、深沉。加入中性灰色，则会使得色相变得浑浊，相同明度的纯色与灰色相混后，可以得到不含明度和色相变化的不同纯度的含灰色，具有软弱和柔和的特点。
2. 加入某种颜色的补色。加入互补色就等于加入深灰色，因为三原色相混得深灰色，而一种色彩如果加它的补色，而其补色正是其他两种原色相混所得的间色，所以也就等于三原色相加。
3. 加入其他色。一个纯色加入其他任何有彩色，会使本身的纯度，明度，色相同时发生变化。同时，混入有彩色自身面貌特征也发生变化。

第二节 色彩与心理的关系

建筑装饰设计，就是要创造出各具特色的空间环境氛围，以此来满足各种不同人群的审美需求。建筑装饰色彩的设计看起来很繁杂，实际是有内在规律可循的。比如整体效果规律就是从天花、墙面、地面主方向统一构思考虑；从整个空间功能区域进行统一布局思虑；从家具、陈设饰品数量、摆放统一进行安排。确定一个主色调风格，将其他饰物的颜色服从这一主色调，使之形成主体统一的和谐氛围。

一、色彩与情绪的关系

色彩与人的情绪息息相关，色彩支配人的情绪。心理学家在研究人对颜色的心理效应时发现，有的颜色使人清醒，而有的颜色能催人入眠，有的可以让人增进食欲，有的则叫人怒气冲冲，于是有了“感情色彩”之说（图5-4、图5-5）。

二、色彩与性格的关系

面对如此丰富的色彩，不同的人自然有其不同的偏好。往往一个人对色彩的选择，对某种颜色的偏好都可以展现出其人的性格和日常生活的形态。色彩一定程度地反映出人的性格特点。在空间色彩的取向上，是偏向以个性化还是和谐为自己的标尺，往往取决于人们对上述色彩的个人偏好的理性认识。

例如，偏爱白色的人大多不是光芒万丈，因为他们本身不爱好表现，但他们拥有不少突出的优点，如个性实在，做事努力认真，责任感强；而喜欢红色的人，性格大方而外向；爱好黄色的人则勤奋而勇于进取；蓝绿色的偏好者则善于作细致的观察并具有较强的鉴别能力；蓝色的倾慕者一看到蓝色，心情会安定沉静，提高想象力，神经纤细并容易感伤，对人也十分敏感；橙色的追求者好交际，情绪稳定；喜欢彩色，喜欢混合色彩没有较突出颜色的爱好者则性情浪漫，喜欢游乐，性格易于妥协。

三、色彩与感觉的关系

不同的色彩通过眼睛的传递，会使大脑产生相应的联想，带给人不同感觉。例如，当我们看到红、橙、黄等颜色的时候，马上会联想到火焰和阳光，使人产生温暖舒服的感觉，因此这类颜色被称为暖色；而当我们看到青、蓝、绿等颜色的时候，马上就会联想到大海和森林，顿时产生凉爽的感觉，因此这类颜色称之为冷色。同样不同的色调，还能引起人们对距离感觉的不同。高亮度的或偏暖的颜色会使人感到很有亲和力；低亮度的或偏冷的颜色容易使人产生陌生感。

四、色彩与工作效率的关系

色彩在很大程度上也影响工作效率，如果生产车间颜色用好了，可以提高生产效率，反之降低工作效率（图5-6）。

图5-4　高层餐厅

图5-5　茶室设计

（a）　　（b）

图5-6　办公室色彩

五、不同色彩的心理反应

不同色彩的心理反应见表5-1。

表5-1　　不同色彩的心理反应

颜色名称	颜色	心理反应
红色		强有力，喜庆的色彩。具有刺激效果，容易使人产生冲动，是一种雄壮的精神体现，愤怒、热情、活力的感觉
橙色		也是一种激奋的色彩，具有轻快、欢欣、热烈、温馨，时尚的效果
黄色		亮度最高，有温暖感，具有快乐、希望、智慧和轻快的个性，给人感觉灿烂辉煌
绿色		介于冷暖色中间，显得和睦、宁静、健康、安全的感觉。和金黄、淡白搭配，产生优雅，舒适的气氛
蓝色		永恒、博大，最具凉爽、清新，专业的色彩。和白色混合，能体现柔顺，淡雅，浪漫的气氛，给人感觉平静、理智
紫色		给人神秘、高贵、压迫的感觉
黑色		具有深沉、神秘、寂静、悲哀、压抑的感受
白色		具有洁白、明快、纯真、清洁的感受
灰色		具有中庸、平凡、温和、谦让、中立和高雅的感觉
黑、白色		不同时候给人不同的感觉，黑色有时感觉沉默、虚空，有时感觉庄严、肃穆。白色有时有充满无尽希望的感觉，有时却有恐惧、悲哀的感觉

第三节　色彩与建筑装饰设计

一、色彩在建筑装饰设计中的作用

1. 色彩能起到调节改变室内空间形象的作用

利用色彩对视觉产生错觉的原理，在设计中调节改变空间形象。色彩能够产生“进、退”“膨胀、收缩”的感觉，在面积窄小的空间里，选用明度低的色彩，可以产生扩大空间的心理感觉。

2. 光源对色彩的作用

光源是体现色彩的基础。色彩的感觉和印象是光作用于物体而产生的，色调是由光源作用于物体与环境所产生的色彩总体印象。设计时，在白天利用自然光来反映物体的色彩，在夜晚则主要是利用人工照明来体现色彩的变化。在空间环境中没有光源，物体的色彩是无法显现的，光源是反映色彩的前提条件。

3. 装饰材料色彩的作用

要注重装饰材料色彩的合理搭配（图5-7）。装饰材料的种类繁多，色彩丰富多样，是室内整体色彩的重要组成部分。木材是典型的暖色材料，常常大面积地用于地面或墙面造型，木材与白色乳胶漆的顶搭配形成中长调，再配以淡雅的家具，会得到明快、清爽的空间色彩。石材、陶瓷、壁纸、壁布、地毯等材料则既有冷色又有暖色，在色彩空间中会形成鲜明的冷暖变化。

二、建筑装饰色彩设计的应用

空间的色彩必须考虑人们的心理因素，满足人们对色彩的偏爱，并反映出居室或公共场所的特色。空间设计中色彩的配置，要充分考虑这些因素，要善于利用各种色彩关系，创造一个舒适、优美的生存空间。

一般情况下，需要考虑以下几方面的因素。

1. 空间的使用目的

首先要分清所要设计的是室内空间、公共的空间，还是私密的空间；是活动的场所还是休息的地方；是会议室还是居住的环境。空间使用目的不同，对色彩的要求各异，对使用者性格的体现、气氛的形成也各不相同（图5-8、图5-9）。

2. 空间的大小和形式

色彩可以按不同的空间大小、形式来进一步强调或削弱。

3. 空间的方位

利用色彩可以调整不同方位的空间在自然光线作用下的色彩效果。

（a） （b）

图5-7 室内色彩的协调

图5-8 游戏室

图5-9 读书室

4. 空间的使用者

使用者的性别、年龄、个性、爱好等方面的不同，都会对色彩的要求产生很大区别。另外，还应考虑使用者在空间内活动及使用时间的长短，该空间所处的周围环境情况等。例如，一套居室环境，色彩的应用无处不在。墙壁、天花板、地板、窗帘、家具、饰物等的色彩，都可以决定居室的空间气氛。无论经济实力如何，高、中、低各个档次，只要有效地、合理地利用色彩配置，讲究色彩设计，均可以达到完美的空间环境设计效果。

第四节 色彩设计的原则和方法

一、色彩的设计原则

色彩设计如装饰设计其他部分的设计一样，具有实用和审美双重功能。设计时应充分考虑室内外空间的功能与色彩的关系，以及色彩与使用者之间的关系等，创造出美观、和谐、舒适的色彩环境。色彩设计遵循的原则如下。

1. 满足功能要求

由于色彩能从生理、心理方面对人产生直接或间接的作用，从而影响人的工作、学习和生活。因此，色彩设计应充分考虑空间环境的性质、使用功能和精神功能等。

例如，教学楼、办公楼是人们学习、工作的场所，在设计中，应充分考虑色彩对人们视觉的调节作用，色彩变化不宜过多，以柔和、明亮、淡雅的中性色构成室内简洁、明快、稳重的色调，营造出一个安宁、平静、轻松的色彩环境（图5-10、图5-11）。商场、商店的主要作用就是展示出售商品，色彩设计应以突出商品为目的，其界面、货柜架等色彩应以简洁淡雅的中性灰色为主，并以此来衬托出色彩丰富、琳琅满目的商品（图5-12）。副食店鲜肉部的墙面，不宜用红或偏红的色彩，因为色彩的对比与补色残像作用会产生绿色补色，使鲜肉看起来不新鲜。相反，若用浅绿色墙面，这样的对比可使鲜肉看起来更新鲜红润。

2. 符合形式美原则

色彩设计也应该遵循形式美的规律和法则，处理好基调与辅调、统一与变化、节奏与韵律、平衡与稳定等关系（表5-2）。

图5-10 多媒体教室

图5-11 音乐教室

表5-2 形式美处理关系

关系	表现
基调与辅调	色彩的基调，也称为主调，是指空间的界面、家具以及陈设中，面积最大、感染性最强的色彩，它在室内外空间的环境气氛中起到决定性的作用，空间的冷暖、性格、气氛等都要通过主调来体现；辅调是指与主色调相呼应的，在空间中起到点缀、平衡作用的小面积的色彩。基调是统一整个色彩的基础，辅调起着丰富、烘托、陪衬作用。一般来说，室内外色彩的基调、辅调可分为三种形式：从色彩的明度讲，以明调为基调，暗调为辅调；从色彩的纯度讲，以灰调为基调，鲜调为辅调；从色相的冷暖角度讲，冷暖两色互为基调或辅调
统一与变化	统一与变化的原则贯穿于整个艺术设计中，色彩也不例外。强调基调，就是重视统一，而求变化则是追求色彩的丰富多彩，避免单调和沉闷，使空间更趋于个性化。通常可以用对比的方法来求变化，用统一的方法来削弱变化
稳定与平衡	从稳定性的角度讲，建筑界面的色彩设计应遵循上轻下重的设计原则，即天花、墙面、地面的色彩自上而下宜由浅到深，避免出现“头重脚轻”的感觉
节奏与韵律	建筑环境的色彩是由许多元素的色彩构成的，如界面、家具、陈设等，这些色彩之间存在着一个前景和背景的关系，譬如墙面是家具的背景等

3. 突出空间主角，反映材料本质

色彩设计除了要形成一定的独立、和谐关系之外，更重要的是要创造一个和谐的背景环境，从而衬托出这个环境中的物体，突出空间的主角，体现使用者的性格、身份和爱好。色彩设计是建立在材料色彩基础上的，大部分材料的色彩是受限制的，因此，设计时，应充分考虑材料的色彩影响，尽量发挥材料材质特点和自然美，不要过多地雕凿和修饰。

4. 符合民族习惯和环境特点

不同民族有不同的用色习惯，有着禁忌和崇尚的用色。例如在我国古代，黄色是统治者的专用色彩，它象征着威严与神圣，统治者的衣食住行都与黄色有着密切的联系。而在欧洲信仰基督教的国家，黄色却是人们最忌讳的色彩，甚至会使人产生敌视意识。另外，气候条件也是色彩设计应考虑的一个重要因素。如在南方地区，由于气候炎热，室内的色彩大多以冷色调为主；而在北方地区，气候寒冷，室内色彩大多偏暖。

（a）

（b）

图5-12 货架

二、色彩的设计方法

1. 色彩的协调问题

色彩设计的根本问题是配色问题，这是室内色彩效果优劣的关键，孤立的颜色无所谓美或不美。就这个意义上说，任何颜色都没有高低贵贱之分，只有不恰当的配色，而没有不可用的颜色。色彩效果取决于不同颜色之间的相互关系，同一颜色在不同的背景条件下，其色彩效果可以迥然不同，这是色彩所特有的敏感性和依存性，因此，如何处理好色彩之间的协调关系，就成为配色的关键问题。

作为装饰主要手段之一，色彩因能够改变空间的格调而受到重视（表5-3）。

2. 色彩构图

色彩在室内构图中常可以发挥特别的作用。

（1）可以使人对某物引起注意，或使其重要性降低。

（2）色彩可以使目的物变大或变小。

（3）色彩可以强化室内空间形式，也可以破坏其形式。例如，为了打破单调的六面体空间，采用超级平面美术方法，它可以不以天花、墙面、地面的界面区分为限定，自由地、任意地突出其抽象的彩色构图，模糊或破坏空间原有的构图形式。

（4）色彩可以通过反射来修饰。

3. 色彩分类（表5-4）

4. 色彩的统一与变化

色彩的统一与变化，是色彩构图的基本原则。所采取的一切方法，均未达到此目的而做出选择的决定时，应着重考虑以下问题：

（1）主调。室内色彩应有主调或基调，冷暖、性格、气氛都通过主调来体现。对于规模较大的建筑，主调更应贯穿整个建筑空间，在此基础上再考虑局部的、不同部位的适当变化。

表5-3　色彩选择

选择方式	内容
空间用途	空间的用途决定了将要营造的效果
房间朝向	东向房间使用浅暖色是较稳妥的；南向房间使用浅冷色常使人感到更舒适；西向房间用浅冷色，相对更加清爽；北向房间在选色时应倾向用暖色，且色度要浅
空间界面	浅色使人感觉清爽，深色使人感觉沉重。空间的处理大多是自上而下，由浅到深
空间形状	颜色能在一定程度上改变人们对房间形状的感觉
家具及环境	室内色彩对家具起衬托作用，墙面色彩过于浓郁凝重，则起不到背景作用，所以，宜多用浅、灰色调

表5-4　色彩应用分类

色彩	举例
装修色彩	如门、窗、通风孔、博古架、墙裙、壁柜等，它们常和背景色彩有紧密的联系
家具色彩	各类不同品种、规格、形式、材料的家具，如橱柜、梳妆台、床、桌、椅、沙发等，是室内装饰的主体之一，也是表现室内风格、个性的重要因素，它们和背景色彩有着密切的关系，常成为控制室内总体效果的主体色彩
织物色彩	包括窗帘、帷幔、床罩、台布、地毯、沙发、座椅等蒙面织物。室内织物的材料、质感、色彩、图案五光十色，千姿百态，和人的关系更为密切，在室内色彩中起着举足轻重的作用，如不注意可能成为干扰因素。织物可用于背景，也可用于重点装饰
陈设色彩	灯具、电器、烟具、酒具、茶具、工艺品，绘画、雕塑等，虽然体积比较小，但是具有画龙点睛的作用，不可忽视，在室内色彩中，常作为重点色彩或点缀色彩
绿化色彩	盆景、花篮、吊篮、插花，不同花卉、植物，有不同的姿态色彩、情调和含义，和其他色彩容易协调，它对丰富空间环境，创造空间意境，加强生活气息，软化空间肌体，有着特殊的作用

图5-13 地面处理

图5-14 陈设色彩

（2）统一协调。主调确定以后，就应考虑色彩的施色部位及其比例分配。作为主色调，一般应占有较大比例，而次色调作为与主调色搭配，只占小的比例。例如，在室内家具较少时，周边布置家具的地面或墙面，常成为视觉的焦点，而予以重点装饰（图5-13）。在进行大部位色彩协调时，有时可以仅突出一两件陈设，即用统一天花、地面、墙面、家具来突出陈设，如墙上的画、书橱上的书、桌上的摆设、座位上的靠垫以及灯具、花卉等。由于室内各物件使用的材料不同，即使色彩一致，由于材料质地的区别还是显得十分丰富的，这也是室内色彩构图中难得具有的色彩丰富性和变化性的有利因素（图5-14）。因此，无论色彩简化到何种程度也绝不会单调。

第五节　视觉、触觉与色彩的关系

视触觉的表现规律

1. 冷与暖

质感的冷暖表现在身体的触觉、座面、扶手、躺卧之处，都要求柔软和温暖，金属、玻璃、大理石都是很高级的室内材料，如果用多了可能产生冷漠的效果。但在视觉上由于色彩的不同，其冷暖感也不一样，如红色花岗石、大理石触感冷，视感还是暖的。而白色羊毛触感是暖，视感却是冷的（图5-15）。

选用材料时应两方面同时考虑。木材在表现冷暖软硬上有独特的优点，比织物要冷，比金属、玻璃要暖，比织物要硬，比石材又较软，可用于许多地方，既可作为承重结构，又可作为装饰材料，更适宜做家具，又便于加工，从这点上看，可称为室内材料之王。

2. 软与硬

许多纤维织物，都有柔软的触感。如纯羊毛织物虽然可以织成光滑或粗糙质地，但摸上去都是很轻快的。棉麻为植物纤维，它们都耐用和柔软，常作为轻型的饰面材料，玻璃纤维织物从纯净的细亚麻布到重型织物有很多品种，它易于保养，能防火，价格低，但其触感有时是不舒服的。硬的材料如砖石、金属、玻璃，耐用耐磨，不变形，线条挺拔。硬材多数有很好的光洁度、光泽。晶莹明亮的硬材，使室内有生气，但从触感上说，人们一般喜欢光滑柔软，而不喜欢坚硬冰冷（图5-16）。

（a）冷空间

（b）暖空间

图5-15　冷、暖空间

图5-16　软与硬

3. 粗糙与光滑

表面粗糙的有许多材料，如石材、未加工的原木，粗砖、磨砂玻璃、长毛织物等。光滑的如玻璃，抛光金属、釉面陶瓷、丝绸、有机玻璃。同样是粗糙面，不同材料有不同质感，如粗糙的石材壁炉和长毛地毯，质感完全不一样，一硬一软，一重一轻，后者比前者有更好的触感（图5-17）。光滑的金属镜面和光滑的丝绸，在质感上也有很大的区别，前者坚硬，后者柔软。

4. 光泽与透明度

许多经过加工的材料具有很好的光泽，如抛光金属、玻璃、磨光花岗石、大理石、搪瓷、釉面砖、瓷砖，通过镜面般光滑表面的反射，使室内空间感扩大，同时映出光怪陆离的色彩，是丰富活跃室内气氛的好材料，光泽表面易于清洁，对减少室内劳动，保持明亮，具有积极意义，用于厨房、卫生间是十分适宜的（图5-18）。

5. 弹性

人们走在草地上要比走在混凝土路面上舒适，坐在有弹性的沙发上比坐在硬面椅上舒服。都是因为其弹性的反作用，达到力的平衡，从而感到省力且达到休息的目的。这是软材料和硬材料都无法达到的。弹性材料有泡沫塑料、泡沫橡胶、竹、藤，木材也有一定的弹性，特别是软木。弹性材料主要用于地面、床和座面，给人以特别的触感（图5-19）。

6. 肌理

材料的肌理或纹理，有均匀无线条的、水平的、垂直的、斜纹的、交错的、曲折的等自然纹理。暴露天然的色泽肌理比刷油漆更好。某些大理石的纹理，是人工无法达到的天然图案，可以作为室内的欣赏装饰品，但是肌理组织十分明显的材料，必须在拼装时特别注意其相互关系，以及其线条在室内所起的作用，以便达到统一和谐的效果。在室内肌理纹样过多或过分突出时也会造成视觉上的混乱，这时应更替匀质材料（图5-20）。

图5-17　粗糙与光滑

（a）

（b）

图5-18　卫生间

图5-19　弹性

图5-20　肌理

第六节 设计案例：办公室软装设计（扫码下载案例）

案例二维码

本章小结

本章主要介绍了色彩的感受与发展，基本属性与作用，色彩对人的生产、生活影响和心理影响，建筑空间色彩设计原则和方法等。色彩是建筑装饰设计中非常重要的元素。在进行装饰设计时，要综合考虑色彩与光照、材质之间的相互关系，并对三者进行合理的协调。在建筑装饰色彩设计时，要充分考虑室内外空间的功能与色彩的关系，以及色彩与使用者之间的关系等，创造出和谐、舒适、美观的色彩环境。

课后练习

1. 色彩是怎样产生的?
2. 色彩的基本属性包含哪些内容?
3. 色彩的作用是什么?
4. 色彩对人的生活和心理会产生何种影响?
5. 色彩在装饰室内设计中的作用是什么?
6. 室内色彩设计需要遵循的原则有哪些?
7. 简述材质、照明、色彩三者之间的相互关系。
8. 中国传统色彩有哪些? 这些色彩该如何运用到现代建筑装饰室内空间中?

6

第六章

家具与陈设设计

PPT 课件
（扫码下载）

» 学习难度：★★★☆☆

» 重点概念：家具、陈设、原则、作用

» 章节导读：家具和配饰可以说是建筑空间的软包装，随着对高品质生活的追求，人们对于建筑空间的设计提出了更多的要求。家具的陈设与配饰被建筑空间设计师广泛地应用到建筑空间设计中，而且二者的地位也越来越重要。本章就是对家具陈设与配饰在建筑空间设计中的应用进行深入分析，使得建筑空间设计更为合理、科学。

第一节　家具概述

一、家具的概念

家具是人类衣食住行活动中供人们坐、卧、作业或供物品贮存和展示的一类器具。当然人类的衣食住行活动还应包括为生存而展开的室内生产作业和社会交往活动。家具除了是一种具有实用功能的物品外，更是一种具有丰富文化形态的艺术品。几千年来，家具的设计和建筑、雕塑、绘画等造型艺术的形式与风格的发展同步，成为人类文化艺术的一个重要组成部分（图6-1）。

二、现代家具的特性

1. 家具使用的普遍性

家具在古代已得到了广泛的应用。在现代社会中，家具更是无所不在。家具以其独特的功能贯穿于现代生活的方方面面：工作、学习、教学、科研、交往、旅游以及娱乐、休息等衣食住行的有关活动中，而且随着社会的发展和科学技术的进步，以及生活方式的变化，家具也处在发展变化之中（图6-2）。

2. 家具功能的两重性

家具不仅是一种简单的功能物质产品，也是一种广为普及的大众艺术。它既要满足某些特定的直接用途，又要满足供人们观赏，使人在接触和使用过程中产生某种审美快感和引发丰富联想的精神需求。它既涉及材料、工艺、设备、化工、电器、五金、塑料等技术领域，又与社会学、行为学、美学、心理学等社会学科以及造型艺术理论密切相关。所以说家具既是物质产品，又是艺术创作，这便是人们常说的家具的双重性特点。

（a）

（b）

图6-1　家具与陈设艺术

图6-2　现代家具

3. 家具的社会性

家具的类型、数量、功能、形式、风格和制作水平，以及社会家具的占有情况，还反映了一个国家和地区在某一历史时期的社会生活方式，社会物质文明的水平以及历史文化特征。家具是某一国家或地域在某一历史时期社会生产力发展水平的标志，是某种生活方式的缩影，是某种文化形态的显现。因而家具凝聚了丰富而深刻的社会性。

三、家具的意义

家具具有多个层面的意义（图6-3），能帮助人们实现衣食住行活动中坐、卧、休闲和作业的基本功能，同时实现物品的收纳和展示等基本功能。人类正是通过家具来消化和享用建筑室内空间，家具成了人类消化和享用空间的必要条件和手段。

家具美是艺术性与技术性的统一。家具的功能性决定了家具的艺术与技术构成。家具是由不同的材料通过一定的结构和构造而实现的，而工艺、技艺、技能是决定的条件。同时家具的造型又要根据美的造型规律，由不同的形态、色彩、肌理和特色装饰予以实现，因此家具既包含艺术的要素，又具有技术、技能、技艺的要素，家具美是艺术性与技术性的统一（图6-4）。

家具是维系人类生存和发展必不可少的一类器具，是人类生存的状态和方式；家具的使用是人类告别动物基本习性和生存状态的重要手段和条件；家具最原始的功能是坐、卧和贮物，家具最佳的功能是舒适、高效和美观；家具是人类消化和享用室内空间的必要条件和手段；家具包含着丰富的文化内涵和积极的美学意义。

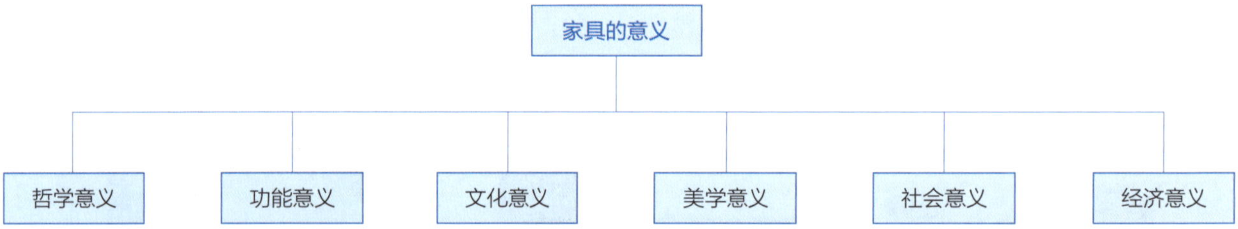

图6-3 家具的意义

（a） （b）

图6-4 家具美

第二节 家具的分类与作用

一、家具的分类

1. 按结构分类

可以分为移动型家具（单件式、组件式）和固定型家具两种基本形式。

2. 按功能分类

坐卧用家具、凭倚家具、贮藏家具、展示家具。

3. 按环境分类

环境分类是按不同的使用地点进行分类，根据人们活动的地点、类型可分为民用家具、公用家具、室外家具3大类（表6-1）。

表6-1 家具按环境分类

环境分类	概述	场所	主要家具
民用家具	指日常生活用家具，是人类生活离不了的家具，因此类型最多，品种也复杂，式样的要求也比较多样化，可以分为卧室、起居室、工作室、儿童室、餐厅、厨房用家具等	卧室	双人床、单人床、床头柜、五屉柜、衣柜、壁柜、梳妆台、梳妆凳、靠椅、沙发、安乐椅
		起居室	沙发、靠椅、安乐椅、咖啡桌、边桌、牌桌、茶几、写字台、书架、视听组合柜、花架等
		工作室	写字台、抽屉桌、打字桌、电脑桌、靠背椅、扶手椅、书架、书柜等
		儿童室	儿童床、双层床、儿童桌、椅、玩具柜等
		餐厅	餐桌、餐椅、供应桌、餐具柜
		厨房	专用厨房家具设施
公用家具	指公共建筑室内所用的家具，根据社会活动内容而定，专业性强，每一类场所类型不多，但数量较大。有些家具虽然与日用家具相差不多，但要求条件要高些，造型要适应环境气氛，功能要符合使用性能，并要求充分利用有效空间	办公家具	指公共场合所用的家具，办公家具可分为传统式办公家具和现代化办公家具
		商店家具	指营业厅中售货用的专业性家具，包括展台、展柜、展架、柜台、陈列柜、收款台等，要求正确地陈列商品，吸引顾客的注意力
		餐饮业家具	一种是快餐使用的轻型、造型简洁的家具；另一种是使用时间较长的正餐家具
		影剧院观众厅家具	座椅是在各种尺寸的严格要求下，满足看得清楚、坐得舒服的条件下设计的
		学校家具	必须考虑适合学生不同年龄、身高的情况下分成几个年龄段设计的
室外家具	泛指专供室外或半室外的阳台、平台使用的桌、椅，要求具有抗御外界气候条件的各种功能，多采用轻巧的造型，并注重色彩处理以加强室外生活的情趣		

4. 按材料分类（表6-2）

表6-2 家具按材料分类

材料	内容	图示
木材家具	木材是一种质地精良、感觉优美的自然材料，易于施工、便于维护；纹理精致、色彩温厚。既利于塑形，也适于雕刻，为古今中外家具生产特别珍视的材料	
竹藤家具	利用竹藤天然材料制成的家具，这种材料不仅便于弯曲又可割成皮条编织，造型轻巧且具自然美，具有其他材料家具所没有的特殊品质	
金属家具	以钢和铝为主要材料，不锈钢也可作为家具的主体构件，更能充分显示现代家具的特色。金属家具坚固耐用，适宜塑造灵巧优美的造型，加之能防火、易生产，使其成了推广最快的现代家具之一	
塑料家具	塑料是一种革命性的人造材料，采用塑料制成的家具具有自然材料家具无法代替的优点，即可单独成型自成一体，更多的是制成部件与金属材料配合制成家具	
玻璃家具	玻璃是一种透明性的人造材料，用在家具上主要是玻璃板材，展览陈列用的柜架、商业用的玻璃陈列柜及承重不大的餐桌、茶几等桌面等都可用玻璃，特别是利于观赏和扩大室内空间	

续表

材料	内容	图示
石材家具	石材是一种质地坚硬、耐久，感觉粗犷、厚实的材料，用于家具制作的是大理石，适用于桌及茶几的面板和桌腿的承重构件，也有少量家具全部是用石材制作的	
软垫家具	指以弹簧、填充料为主，泡沫塑料成型以及充气成型的具有柔性的家具，主要应用在与人体直接接触的沙发、座椅及床榻，是一种应用最广的普及型家具	

二、家具在室内环境中的作用

家具具有特定的物质功能和精神功能的作用。

1. 物质功能作用

（1）组织空间的作用。在一定的室内空间中，人从事的活动或生活方式是多样的，也就是说在同一室内空间中要求有多种使用功能，合理的组织和满足多种使用功能就必须依靠家具的布置来实现，尽管这些家具不具备封闭和遮挡视线的功能，但却可以围合出不同用途的使用区域和组织人们在室内的行动路线（图6-5～图6-8）。

（2）分隔空间的作用。选用的家具一般都具有适当的高度和视线遮挡的作用，在通用空间办公楼中的办公家具，它可以自成单元，具有写字、打字、电脑操作、文件贮藏等功能，又具有半高可遮挡视线的隔板，同时又把单元与单元之间连接起来，而且可以根据情况作灵活调整（图6-9）。在一些住宅内，如果用固定的隔墙来分隔空间，必将占去一定的有效使用面积，因此利用家具来分隔空间，可以达到一举两得的目的。

（3）填补空间的作用。在空间的构成中，家具的大小、位置成为构图的重要因素，因此家具可以改善整个空间的布局。当室内家具布置存在不平衡时，可以选用一些辅助家具，如柜、几、架等布置于空缺的地方或恰当的壁面上，使室内空间布局达到均衡与稳定的效果（图6-10）。

（4）间接扩大空间的作用。利用家具的多用途、叠合空间的使用和储藏性来扩大空间。方式有以下几种：

①壁柜、壁架方式：可以利用过道、门廊上部或楼梯底部、墙角等闲置空间，提供储藏空间。

②家具的多功能用途和折叠式家具能充分扩展空间，如翻板书桌，翻板床、多用沙发、折叠椅。可以使同一空间在不同时间做多种使用。

③嵌入墙内的柜架，内凹的空间使人的视觉得以延伸，起到扩大空间的效果。

2. 精神功能作用

（1）陶冶人们的审美情趣。家具作为一种

图6-5　起居生活中心

图6-6　休息区域

图6-5：在住宅的起居室中，常用沙发和茶几组成休息、待客、家庭聚谈的区域，有时加上壁炉或组合壁柜架，形成家庭的起居生活中心。

图6-6：有些住宅的较大客厅，除了布置起居中心外，还可利用餐桌椅或吧台等划分出餐饮区域；在一些宾馆大堂中，由于不希望有遮挡视线的分隔，但又要满足宾客的等候、会客、休息等功能要求，常常用沙发、茶几、地毯等共同围合成多个休息区域，在心理上划分出相对独立、不受干扰的虚拟空间，从而也改变了大堂空旷的空间感觉。

图6-7　相对独立的小空间

图6-8　会议区域

图6-7：在一些餐厅、咖啡厅里，利用火车座式的厢座，可以围成一个个相对独立的小空间，以取得相对安静的小天地。

图6-8：在会议室里，用各种形状的会议桌加上周围的座椅，将人们向心地聚在一起讨论工作。

图6-9　办公家具

图6-10　壁柜

（a）　（b）

图6-11　统一色调

图6-11：宾馆客房，常将床上织物与座椅织物及窗帘等组成统一的色调，甚至采用同一的图案纹样来取得整个房间的和谐氛围，创造宁静舒适的色彩环境。

大众化的室内装饰产品，它在人们的生活中扮演着重要的角色，也是人们对美的一种选择，人们可以从中体验生活审美情趣。不同年龄、不同文化层次的人们都在使用家具，但却具有不同的审美观，因此家具也是体现一个人的审美观的重要方面。

（2）反映民族文化和营造特定的环境氛围。由于家具的艺术造型及风格带有强烈的地方性和民族性，因此在室内设计中，常常利用家具的这一特性来加强设计的民族传统文化的表现及特定环境氛围的营造。

（3）调节室内环境色彩。室内环境色彩是由构成室内环境的各个元素的材料固有颜色所共同组成的，其中包括家具本身的固有色彩。由于家具在室内的比例较大，因此家具的色彩在整个室内环境中起着举足轻重的作用（图6-11）。

第三节　家具布置的原则与方法

一、家具布置原则

1. 整体性原则

选择与布置家具，必须着眼于建筑空间整体环境的需要，把家具当作整体环境的一个有机组成部分。任何一件家具都不是孤立存在的，它受到其周围环境的制约，同时又对其赖以存在的环境产生影响。处理得当，一件普通平常的家具也能与其环境显示出和谐统一的美感；处理不当，一件美观的家具放到特定的环境后，不仅会破坏整个建筑空间环境，也使其自身失去了光彩。

例如，就家具的色彩来说，它既受到大面积墙面的衬托，同时衬托着空间中的织物和其他装饰品。因而，在选择家具的颜色时，既要考虑居室中墙面、天花、地面等因素，又要考虑它与室内空间中各种装饰物的色彩关系（图6-12）。

2. 实用性原则

家具造型与色彩的美观必须以其功能的实用为前提。所谓家具的实用，就是能够满足功能的需要。在室内空间面积较小的情况下，为满足日常生活的各种需要，可尽量多使用组合家具、多用家

（a）

（b）

图6-12　整体性原则

（a）

（b）

图6-13　合理有序的空间布置

具、吊柜、吊架等这些节约空间的家具形式。例如，折叠餐桌与折叠椅的使用，令使用者可在极短的时间里布置出一个实用的用餐空间来；而组合柜的使用当然也能使人们利用较小的空间来满足较多的需求。

3. 合理性原则

在建筑空间中，家具的空间布局必须合理。确定家具在室内的具体位置，首先要考虑人流活动的线路，使它尽可能简捷、方便，不能过分迂回、曲折。此外，还要使家具的周围有足够的面积，以保证人们能够方便地使用家具。布置家具时，还应考虑室内空间的通风、采光、视听效果等问题。例如，高大的家具不宜放在通风的干道上，以免影响室内通风和温度的调节。

同样，在考虑家具的立面布置时也要兼顾到家具的平面布置。家具应均衡地布置于室内，若一角放置很多家具，而另一角则比较空旷，那么，即使在立面布置上做到了高低错落有致，但在平面布局上也是不能接受的（图6-13）。

二、家具布置方法

1. 确定家具的种类和数量

满足室内空间的实用要求是家具配置最根本的目标。在确定家具的种类和数量之前，首先必须了解室内空间场所的使用功能，包括使用对象、用途、使用人数以及其他要求。例如，卧室、客房等空间，应适当控制家具的类型和数量，在满足基本功能要求的前提下，尽量减少家具的种类和数量，留出较多的空地，以免给人留下拥挤不堪和杂乱无章的印象（图6-14）。

2. 选择合适的款式

选择家具时，还必须考虑空间的性格。例如为重要公共建筑的休息厅选择沙发等家具时，就应该考虑一定的气度，并使家具款式与环境气氛相适应（图6-15）；而交通建筑内的家具，如机场、车站的候机、候车大厅内的家具，则应考虑简洁大方、实用耐久，并便于清洁（图6-16）。

3. 选择合适的风格

这里所说的风格主要指家具的基本特征，它是由造型、色彩、质地、装饰等多种因素决定的。由于家具的风格选择关系到整个室内空间的效果，因此必须仔细斟酌。家具的风格有多种，主要有中国风格、古典风格、欧陆风格、乡土风格、东方风格、现代风格等。从设计角度来看，家具的风格、造型应有利于加强环境气氛的塑造，例如西餐厅的家具，其风格与造型就应选择与西式风格相适应的家具；若是乡土风格的室内空间，则可选择藤制或者木质家具，否则就会显得与环境格格不入。

4. 选择合适的布局

家具布置的格局是指家具在室内空间配置时的构图问题，家具的布置格局要符合形式美的法则，注意有主有次、有聚有散。空间较小时，宜聚不宜散；空间较大时，宜散不宜聚（图6-17、

（a）　　（b）

图6-14　合适的家具数量

图6-15　客户休息区

图6-16　候车室

图6-17 规则的宴会厅

图6-18 不规则的活动室

图6-17：在日常生活中，家具的格局可分为规则和不规则两类。规则式多表现为对称式，有明显的轴线，特点是严肃和庄重，因此常用于会议厅、接待厅和宴会厅，主要家具成圆形、方形、矩形或马蹄形。

图6-18：不规则式的特点是不对称，没有明显的轴线，气氛自由、活泼、富于变化，因此常用于休息室、起居室、活动室等处，在现代建筑中比较常见。

图6-18）。在实践中，常常采用下列做法：

（1）以室内空间中的设备或主要家具为中心，其他家具分散布置在其周围。例如，在起居室内就可以壁炉或组合装饰柜为中心布置家具。

（2）以部分家具为中心来布置其他家具。

（3）根据功能和构图要求把主要家具分为若干组，使各组间的关系符合分聚得当、主次分明的原则。

第四节 陈设的作用与分类

一、陈设的作用

1. 烘托室内气氛、创造环境意境

气氛即内部空间环境给人的总体印象。如欢快热烈的喜庆气氛，亲切随和的轻松气氛，深沉宁重的庄严气氛，高雅清新的文化艺术气氛等。而意境则是内部环境所要集中体现的某种思想和主题。与气氛相比较，意境不仅被人感受，还能引人联想、给人启迪，是一种精神世界的享受。

例如，人民大会堂顶部灯具的陈设形式，以五角星灯具为中心，围绕着五角星灯具布置“满天星”使人很容易联想到在党中央的领导下“全国人民大团结”的主题，烘托出一种庄严的气氛（图6-19）。盆景、字画、古陶与传统样式的家具相组合，创造出一种古朴典雅的艺术环境气氛。地毯、帘饰等织物的运用使天花过高带来的空旷、孤寂感得到缓解，营造出温馨的气氛（图6-20）。

2. 创造二次空间，丰富空间层次

由墙面、地面、天花围合的空间称之为一次空间，由于它们的特性，一般情况下很难改变其形状，除非进行改建，但这是一件费时、费力、费钱的工程。而利用室内陈设物分隔空间就是首选的好办法。我们把这种在一次空间划分出的可变空间称之为二次空间。在室内设计中利用家具、地毯、绿化、水体等陈设创造出的二次空间不仅使空间的使用功能更趋合理，更能为人所用，也使室内空间更

富层次感（图6-21）。例如，在设计大空间办公室时，不仅要从实际情况出发，合理安排座位，还要合理地分隔组织空间，从而达到不同的用途（图6-22）。

3. 加强并赋予空间含义

一般的室内空间应达到舒适美观的效果，而有特殊要求的空间则应具有一定的内涵，如纪念性建筑室内空间，传统建筑空间等（图6-23、图6-24）。

图6-19　人民大会堂灯具

图6-20　古朴典雅的陈设

图6-21　室内水体设计

图6-22　空间组织

图6-23　纪念性建筑室内空间

图6-24 传统建筑空间

图6-25 绘画装饰

二、陈设的分类

陈设品的作用是突出建筑空间设计主题、强化室内环境风格、营造和烘托环境气氛、体现地域特征和民族特色、柔化空间环境、张扬个性、陶冶情操等。

图6-26 书法装饰

图6-27 照片装饰

1. 艺术陈设品

绘画、书法、摄影、雕塑等都是纯粹的造型作品，它们是最普及、最重要、最丰富的室内陈设品。对艺术品的布置陈列既要注意作品的造型色彩、比例尺度与室内空间的关系，也要注意作品的内涵和室内风格的关系。

（1）绘画。绘画是一种通过线条、色彩在二维平面上描绘的社会的或自然的物象。绘画表现了作者的思想情感、审美取向和艺术水平。绘画类中包括有中国画、西洋画、工艺装饰画、民间绘画四大类，它们虽各具特征，但都可以表现丰富的内容，如山水、人物、花鸟、静物、动物、建筑等内容，其形式既可以写实，也可以写意（图6-25）。

（2）书法。在选择书法作为室内陈设时，应尽量运用在具有中国文化氛围的空间中。书法的装裱与中国的绘画相似，可托裱后挂置，也可装镜框后布置。中国画需要装裱，亦称“裱褙”“装池”“装潢”等，以纺织物式纸底褙，将书画作品配上边框，再加木质轴、竿等对书画进行装潢、保存的一种方法（图6-26）。

（3）照片。照片可以作为住宅、宾馆、餐饮、商业、办公、休闲、娱乐等建筑室内空间中的陈设品（图6-27）。

（4）雕塑。分为大型与小型两种。室内大型雕塑，一般指庙宇彩塑及接近真人大的雕塑。如中国人民革命军事博物馆门内大厅的毛泽东石雕像、民族文化宫大厅四壁的立幅大浮雕等。它们安置于室内，位置固定，作品的自然光源，多属侧光或正面光，甚至常有从地下往上反光的，效果欠佳，所以多配灯光补助，一般采用在现场做雕塑以克服这个弱点。室内中小型雕塑，一般指小于真人的雕塑。由于体积较小，可随时随意移动。这些无固定光源的中小型雕塑，能增强室内布置的空间感和立体美感，又可分为“架上雕塑”与“案头雕塑”等品种（图6-28）。

图6-28 雕塑装饰

补充要点

选择和布置艺术品陈设时的注意要点

1. 选择时首先要遵循宁缺毋滥的原则，不能一味追求高档或任意堆砌，而将室内布置得杂乱无章，应在充分考虑室内环境的前提下，有目的地选择一些与室内空间相得益彰的艺术品陈设。
2. 选择比例尺度适宜的艺术品陈设，注意自身的比例和陈设品相互之间的比例关系。大墙面上布置大艺术品会统治整个室内环境的情调和风格，在选择时应特别注意。大墙面上布置小艺术品能起到画龙点睛的作用，为加强视觉效果，可采用群组方式排列。适当的比例关系才能使人在室内感到舒适、悦目。
3. 在选择和布置艺术品陈设时要有协调、有重点，采用对称或均衡的布置原则。室内空间和空间中的界面本身就有主有次，在装饰设计中有的要强调，有的却要淡化，所以处在主要空间中或界面上的艺术品陈设要加强视觉感知度，使之成为空间的重点，而在次要空间中或界面上的艺术品陈设则要与前者相协调。在布置艺术品陈设时，大多采用对称的手法，它能给人稳重、端庄、典雅的视觉感受，但也难免会有一些平淡、缺少变化的感觉，采用均衡的手法可以弥补这一不足，创造比较灵动且富有生气的气氛，但在处理不好时会给人零乱的视觉感受。
4. 要能充分发挥艺术品的观赏特性。如书法、绘画之类艺术品，适宜平面观赏，所以多半依附于建筑构件布置，雕塑等艺术品适宜作立体观赏，所以在布置时比较独立、灵活。按照艺术品陈设的观赏特点来布置陈设品，才能更好地展示和欣赏其艺术特点。

2. 工艺品

工艺品是指既讲究制作水平，又注重艺术效果的物品。因而，工艺品的审美学标准有两个方面：一是由形态和形式因素构成的视觉艺术效果；二是由材料和制作所表现的材料特性和制作的水平。工艺品的种类繁多，一般可分为纯观赏性的工艺美术品和富有审美价值的日用品。

（1）编织品。是指利用植物材料，经过加工处理，编织成具有美感的物品。我国的编织工艺品的内容丰富，品种很多。按照所用的材料区分，编织工艺品主要有草编、竹编、柳编、藤编、棕编、葵编六大类。其产品主要有篮、盘、帽、鞋、席、包和玩具。编织工艺品有的以使用功能为主，有的以观赏功能为主。以编织工艺品作为室内陈设，可以充分表现室内环境的自然情趣、生活气息以及地方特色（图6-29）。

（2）玉器。是用玉石雕刻而成的器物，是我国著名的传统工艺品。玉器是我国传统的高档陈设，因此档次较高的中式风格的室内空间才用玉器作陈设；玉器的体量大小不一，大件玉器可作为公共建筑的室内陈设，设于厅堂中。中、小件玉器可作为居室室内的陈设置于案头、架上；玉器的质地优美，是审美的主要因素，而观赏质地，特别是光滑物体的质地，尤其适宜在近距离欣赏，故摆放玉器时要注意其与观赏者的距离不宜太远，特别是中小件玉器；不同形态、内容、大小、色彩、质地的玉器应配有与之相适应的托架（图6-30）。

（3）唐三彩。是一种古老的工艺美术陶瓷，创始于唐代。唐三彩宜布置在传统的中式风格的室内，并最好与古代陶瓷、漆器等配套摆放；既可布置在案头摆放，也可搁置在博古架上；大件唐三彩可放置在具有中式风格的公共建筑内，小件唐三彩应摆放在居室、办公室、会议室、会所、茶室之中（图6-31）。

（4）玻璃器皿。一般适宜布置在居室、办公室、会议室、会所之中。室内光线要明亮，以充分表现出玻璃器皿的装饰效果；摆放位置应相对固定，尽量避免频繁地搬动。摆放的位置也应避开人们容易碰撞的地方；玻璃器皿的款式、色彩和花饰应与室内的色调、风格相协调（图6-32）。

图6-29 编织品

图6-30 玉器

图6-31 唐三彩

图6-32 玻璃器皿

3. 织物

织物陈设的类型很多，常用的主要有窗帘、床罩、台布、地毯、靠垫、壁挂等。

（1）窗帘。除调节光线、调控温度、阻隔声音、遮挡灰尘、保护隐私等功能外，还有美化空间的作用。窗帘的不同形式具有不同的美感特征，在室内设计中应根据个人的爱好、房间的功能，以及窗帘所处的位置来选用（图6-33）。

（2）床罩。床上用品的内容很多，但多以床罩来覆盖，因此床罩对室内视觉的环境影响最大。床罩的功能除保温、防尘之外，还具有装饰的作用。床罩的式样多彩多姿，有布料做的朴素型，也有锦缎、丝绸做的豪华型；有边缘简洁平直的现代型，也有加带豪华花边的古典型；有紧合床体的套型，也有松散平铺的盖片型；有用单层布料的，也有用多层布料缝合的；有用厚重织物的，也有用带网眼的纱类织物的（图6-34）。

（3）台布。铺在桌面上的台布，虽有保护台面的作用，但人们更看重它的装饰功能。一件精美亮丽的台布，会使原本单调的桌面平添异彩。台布多数铺在餐桌和茶几上，也有铺在书桌、办公桌上的，但需要在上面盖一块与桌面一样大小的玻璃板。台布的铺设须考虑桌面的形状，圆形桌面通常以圆形台布满铺，方形桌面以方形台布对角覆盖较为理想。台布要留有足够的悬垂部分，以覆盖桌面的边部。台布的边缘如加装饰花边或穗子，更可增强艺术效果（图6-35）。

（4）靠垫。靠垫是座椅、沙发及床具的附属品，它既可以弥补某些家具在使用功能上的不足，增加人们的舒适度，同时靠垫又起着点缀装饰的作用。室内摆设的精美靠垫，会使生活情趣盎然，美感倍增。靠垫是由面料、里衬和填充物三部分组成的。靠垫的面料是最需要讲究的，它有混纺布、棉布、丝绒、锦缎、棉麻织物等多种材料可供选择。其中棉麻布因其质地挺括，耐磨性强，受到更多的青睐。靠垫的填充物可采用羽绒、丝绵、化纤棉、塑料海绵等，其中化纤棉的性能优良、经济适用，

图6-33　窗帘

图6-34　床罩

图6-35　台布

图6-36 靠垫

图6-37 壁挂

目前采用较多（图6-36）。

（5）壁挂。是置于墙面上的织物装饰艺术品。它将装饰美和工艺美结合在一起，并富有浓郁的民族情趣和生活气息。壁挂在室内装饰中历来受到人们的青睐（图6-37）。

4. 绿色陈设

绿色陈设从种类上区分主要有盆栽、盆景、插花等，从观赏的角度讲，可以将绿色陈设分为观叶、观花、观果三种。不同的植物装饰能给人不同的美感，或清新淡雅，或富丽堂皇，或肃穆端庄，或风姿绰约。所有这些都是提高环境质量，满足人们审美需求的不可缺少的因素。

（1）盆栽。由于盆栽的特点和观赏角度的不同，盆栽的观赏类型可分为观叶盆栽、观花盆栽、观果盆栽、蔓藤盆栽等不同类型。盆栽植物能够净化空气，调节气候；组织空间，丰富空间层次；美化环境，创造氛围（图6-38）。在室内空间中布置植物，可采用点式、对称式、线式、平面式、隔断式、壁挂式、吊挂式等基本形式（表6-3）。

表6-3 盆栽布置方式

方式	特点
点式	植物以点的形式布置，数量大多为单盆也可为数盆集中为点状。点状布置的植物对其姿态、尺度、色彩要求较高，一般都将植物置于轴线交点处或视觉中心，可取得较好的视觉效果
对称式	两盆或两盆以上的植物呈对称式布置。这种布置给人以稳定和庄重感，可起到强调中轴线和提示空间转换的作用。植物的对称式布置大多应用在规整的公共空间的中轴线两侧和空间的转换处
线式	将数盆植物或盆景置于室内空间，并排列成线形。线式布置可分为直线式和曲线式两种。直线式比较规整，曲线式比较流畅。线式布置可组织和限定空间
面式	指植物成片布置在水平面或垂直面上。这类布置形式应注意植物面积与空间大小的比例协调，以免造成比例失调的状况，从而影响视觉效果
隔断式	既可用藤本植物与隔断、家具等组成垂直的绿色屏障，也可用成排的高秆的植物来组成隔断，这种形式的布置对分隔空间起到明显的作用
壁挂式	指将植物或盆景挂置在墙上、柱上的布置形式。这种布置形式在室内空间中可产生较强的韵律感
吊挂式	将植物的容器或附着物悬吊于顶棚下，使植物向下垂挂生长。吊挂式布置在室内空间可形成较强的视觉效果

（2）盆景。按照盆景的取材和制作方法的不同，中国传统盆景可分为树桩盆景和山水盆景两大类，但随着时代的前进和盆景艺术的发展，又出现了竹草盆景、挂壁式盆景、立屏式盆景等。按盆景的大小可分大型、中型、小型和微型四种（图6-39）。

（3）插花。插花是极富装饰感的室内陈设品，它既可装饰室内环境，给人带来美的享受，又可表达特定的文化传统和提高人的艺术品位。根据插花的用途，可分为礼仪插花和艺术插花两类。根据所用花材不同，插花可分为鲜花插花、干花插花、人造花插花和混合式插花四种（图6-40）。

（4）观赏石。也称"奇石""怪石""雅石"等，是指有观赏价值的石质陈设品。它是一种缩景陈设，因造型奇特，色彩、花纹、质地天然成趣，是陈设或收藏之上品。观赏石在应用上可分为两类：一类是造园中用于堆山叠石、散石点缀的奇石，形体较大；另一类为室内陈设用的，形体较小，与盆架座的衬托物相配（图6-41）。

5. 特殊意义陈设

特殊意义陈设如个人喜好品、纪念品等。这类陈设品除了具有视觉上的观赏价值之外，对人精神、心理方面的影响更为突出，其精神价值远高于其欣赏价值。

6. 其他陈设

（1）电器。电器厂商为了适应广大消费群的

图6-38　盆栽

图6-39　盆景

图6-40　插花

图6-41　观赏石

不同需求，也有各种造型、色彩、规格的产品可供人们选择，如何根据不同的空间环境和各种电器造型的相互关系选择恰当的电器陈设，也是陈设设计要解决的问题（图6-42）。

（2）器皿。主要有人们常用的餐具、炊具、烟具、茶具、花瓶、果篮等各种容器，这类陈设在经过一定的艺术加工后，有其独特的艺术魅力和生活气息，例如在厨房的墙面上错落有致地摆上几个炊具，只要构图优美、比例恰当，也未尝不是一件具有观赏价值的陈设品。又例如在客厅的茶几上，摆上一个果篮，果篮里衬一块素雅的碎花布，摆上几样时鲜水果，构成的画面色彩生动，具有浓郁的生活氛围（图6-43）。

图6-42 电器陈设

图6-43 器皿陈设

（3）书籍、杂志。书籍常摆放在书房、客厅、卧室、办公室等场所，它能体现主人的文化修养，增添生活情趣，陶冶性格情操，是广受人们喜爱的陈设品。排列整齐、装帧精美的书籍是知识分子家庭中最好的陈设（图6-44）。杂志常摆放在客厅、卧室，供人休闲消遣时翻阅，在整洁优美的空间环境中随意摆放两本杂志，能使空间氛围更轻松、愉悦，富有生活气息。

（4）各类器材。包括各类乐器，如琵琶、二胡、京胡、琴、箫、笛子等；各类兵器，如刀、枪、剑、戟等；各类运动器材，如篮球、足球、羽毛球、哑铃等。多根据主人的兴趣爱好来选择，这类器材陈设一般挂置在墙上，能营造具有个性的空间环境。

（5）观赏动物。鸟、鱼、昆虫等观赏动物，以及其配置的鸟笼、鱼缸、容器都是颇受部分人喜爱的陈设品。

图6-44 书籍陈设

第五节 设计案例：咖啡厅软装设计（扫码下载案例）

案例二维码

本章小结

本章主要介绍了家具与家具配置以及室内陈设艺术两方面的内容。家具的布置不仅与其使用功能有关，还对室内空间组织有极其重要的作用。家具是室内陈设艺术中的主要构成部分，它首先是以实用而存在的，后来随着时代的进步，家具在实用的前提下，其艺术性越来越重要。陈设品作为室内环境的重要组成部分，在室内环境中占据着重要地位，也起着举足轻重的作用，认识到陈设品的作用并在空间设计中发挥它的作用，必将创造出丰富多彩的人性空间。

课后练习

1. 家居在建筑空间的作用有哪些？
2. 家具布置应遵循哪些原则？
3. 现代家具的特性是什么？
4. 陈设在建筑空间有什么作用？
5. 陈设品的布置原则是什么？
6. 陈设有几种方式？
7. 考察明清家具与新中式家具各3～5款，比较二者异同，指出其中具有共性的造型元素。

第七章

建筑外部装饰设计

PPT 课件
（扫码下载）

» 学习难度：★★★★☆

» 重点概念：现代建筑、外立面

» 章节导读：建筑物外立面给人的第一印象是最重要的，本章将主要就建筑外立面的概念，结合建筑外立面设计的原则，提出优化现代建筑外立面装饰设计的方法。在做建筑外立面装饰设计时，不仅要运用美学、艺术等知识，也要结合建筑物身边的环境；不仅要考虑设计对于城市环境的影响，也要从建筑设计给人们生活带来好处的角度去思考。要想做好建筑的外立面设计，首先要对建筑外立面做一个了解，同时，在其设计原则的指导下去优化建筑的外立面设计。

第一节　室外装饰设计与环境

建筑外立面，指的是建筑和建筑的外部空间直接接触的界面以及其展现出来的形象和构成的方式，或是建筑内外空间界面处的构件及其组合方式的统称。一般情况下，建筑外立面包括除屋顶外建筑所有外围护部分，在某些特定情况下，如特定几何形体造型的建筑屋顶与墙体表现出很强的连续性并难以区分，或为了特定建筑观察角度的需要将屋顶作为建筑的“第五立面”来处理时，也可以将屋顶作为建筑外立面的组成部分。

一、新旧建筑装饰的协调

新建建筑或重新装修的建筑与其周边环境如何协调，是建筑设计师或装饰设计师必须研究的问题，不同的设计者有不同的看法，其中常用三种处理手法，分别是对比手法、协调手法和过渡手法。

1. 对比手法

事物总是通过比较而存在的，艺术上的对比手法可以达到强调和夸张的作用。装饰设计中成功地运用对比可以取得环境的丰富多彩和重点突出。对比手法的做法有两种：一种是粗野的直接的强烈对比；另外一种则是采用巧妙的构思手法。

2. 协调手法

协调手法是指在两幢不同时期的建筑物之间创造一种连贯的、和谐的视觉关系。通常的做法是采用符号学的方法以保持视觉上的和谐为原则，加强建筑细部的联系，这些细部一般包括檐口、门窗、天花、栏杆、墙面材料，相似的比例、尺度等方面，这些都能协调新老建筑之间的关系。

3. 过渡手法

过渡手法的目的就是如何尽可能地避免新老建筑之间的对比过于强烈，避免因过于生硬而显得格格不入。过渡的形式一般有以下几种：第一种是后退的方法；第二种是采用轻巧的钢和玻璃的连接体；第三种可对新老建筑同时做一些装饰性的改变，把它们从感觉上形成一种“手拉手”的形式。

二、室外装饰与绿化环境

室外装饰设计的最终目的，就是将有限的室外空间按照使用者的要求，通过对构成室外环境的因素的合理配置，创造宜人的室外环境。一般的配置从景观的角度讲有以下几种形式：即高大建筑与低矮植物的对比配置、低矮建筑与高大树木的对比配置、高大建筑与高大树木的协调配置、低矮建筑与低矮植物配置等四种形式。

选择怎样的绿化布置方式，达到何种艺术效果，应根据室外环境的总体要求和室外空间及建筑的不同氛围性格来决定（图7-1）。

（a）

（b）

图7-1　小区绿化

第二节 建筑外立面设计元素

根据建筑外观的设计元素来划分，建筑外立面设计的元素包括建筑入口、墙体、屋顶、门窗以及细部。

1. 入口

建筑入口的构成元素包括门及周边的界面、雨篷与门廊、台阶坡道、花池等附属设施。

建筑入口是从进入室内的口部，主要起组织交通的作用，同时还具有空间的过渡与转换、建筑功能的标志与识别、建筑文化内涵的体现等其他功能（图7-2、图7-3）。因此，建筑入口的设计在建筑外立面具有非常重要的功能。建筑外立面的入口与建筑台阶、坡道、雨篷、标志、装饰物等共同组成建筑的门头，起着强化立面、引导人流的效果，成为建筑外观中重要的组成元素之一。

2. 墙体

建筑墙体在建筑外立面中占着绝大部分面积，对建筑外立面的形式、风格起着决定性的作用。设计体现在饰面的色彩、线条、材质、肌理效果等方面。

墙体在设计时要满足承重、围护、分隔空间等使用功能的需求；同时建筑外墙还须满足保温、隔热、隔声等物理技术指标的要求。墙体按材质不同可分为清水砖型、涂料型、面砖型、石材型、混凝土型、玻璃幕型、金属面板及木材型（图7-4、图7-5）。各自特点有轻盈、精致、细腻、厚重、晶莹剔透、简洁。可以根据不同建筑的功能要求的精神面貌来合理选择。

图7-2 梅斯纳尔山博物馆入口

图7-3 酒店入口

图7-4 面砖墙体

图7-5 玻璃幕墙

3. 窗户

窗户是建筑外立面组成的一部分，窗户的形式、大小、排列方式都影响着建筑的形象。窗户在设计时还要考虑隔声、防火、保温隔热等物理指标，如设置带空气层的双层玻璃窗可以提高隔声、隔热性能，防止窗户结露。外墙窗户除矩形窗外，还可用圆窗、三角形、凸窗、飘窗、拱窗等异型窗来丰富、点缀立面效果（图7-6、图7-7）。

4. 屋顶

屋顶是建筑物挡风遮雨的重要构件，也是建筑形象中最富有表现力和个性的部分；被称之为建筑外观的“第五立面”。屋顶的设计要素为色彩、形式、质感。屋顶的类型按材料的不同包括瓦屋面、金属板屋面、混凝土屋面、木屋面、玻璃屋面、茅草屋面及百叶窗屋顶；根据外观不同又可分为平屋顶、坡屋顶、曲面屋顶、大跨度建筑屋顶。屋顶的形式应与建筑物整体造型保持一致。平屋顶可以增加高低层次的变化；坡屋面塑造斜面来调节建筑层次感；曲面屋面可以造就优美的轮廓线。可见无论是屋顶的颜色造型，还是屋顶的装饰构件都对建筑的外观起着重要的装饰作用（图7-8、图7-9）。

5. 细部

建筑立面的细部设计包括功能性细部设计和装饰性细部设计。建筑外立面功能性细部设计是功能性构件本身的细部设计以及与其他构件之间连接处的细部处理，包括雨篷、室外楼梯及阳台栏杆等。装饰性细部构件是指从美观的角度对建筑立面进行装饰，包括线脚、窗套、山花、柱式、雕塑等。建筑外立面的细部设计能够反映当代的建筑技术和工艺水平，具有一定的尺度感功能，反映一定的历史文脉，具有一定的象征性，所以建筑师必须重视细部设计（图7-10、图7-11）。

6. 环境

环境是指建筑周边的小环境设计，包括与建筑入口连接处的硬质铺装、停车位（场）、无障碍设计、绿化、环境设施、水体、雕塑等设计内容（图7-12、图7-13）。其中，与建筑入口连接处的硬质铺装设计要求流线应便捷，使行人能够方便地到达建筑入口。

绿化设计、环境设施设计、水体设计、雕塑等是属于景观设计方面的要求，满足停留、等候人群的观景需求，也满足建筑绿化率的要求，同时也体现建筑人性化的设计，拉近人与建筑的距离。

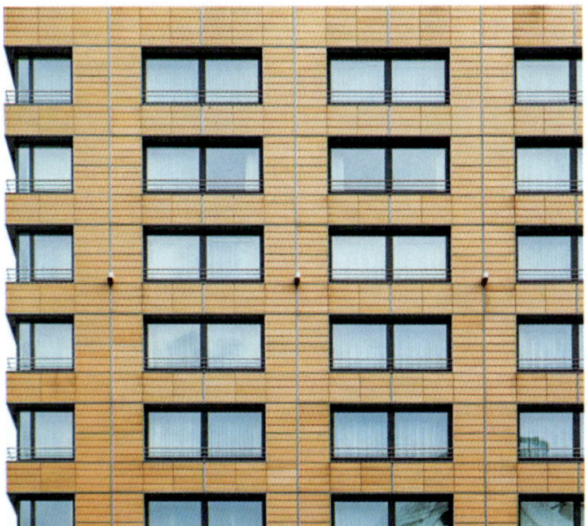

图7-6　矩形窗

图7-7　异型窗

图7-8　圆屋顶

图7-9　曲面屋顶

图7-10　栏杆

图7-11　雕刻

图7-12　停车场设计

图7-13　休息亭

第三节 建筑外部地面铺装装饰

景观铺装是用硬质材料进行的路面铺设，道路的铺装设计主要与周边的环境相适应，通过对路面材料、质感、形式、尺度的把握，形成趣味、功能与形式和谐统一，并独具寓意。

一、地面铺装的功能

地面铺装具有双层功能：一是空间功能；二是艺术功能（表7-1）。

二、铺装的作用

铺装是塑造环境美的一部分。外部空间环境的和谐不但要求大的方面规划得当，小到细部的设计也至关重要。经过精心设计的地面铺装，可以使宏观到微观都达到和谐美的效果。宏观上，地面铺装所形成的大面积的地面区域，有色彩、纹理、图案等要素与周围的建筑环境、特定的区域相协调产生美感；微观上，小至每一单位面积的铺装材料的质感、铺装形式也可以对环境的景观效果起到独特的作用。

铺装的作用主要体现在以下几点：

（1）良好的铺装让空间层次丰富而又井井有条，能够创造出更加优美的景观环境，给身处其中的人们带来美的享受。

（2）地面铺装与环境相协调，美化了城市空

表7-1 地面铺装的功能

空间功能	细分	表现
空间功能	划定景观边界	铺装可用来划分环境中不同功能区域的边界，使其更加明确，易于识别。通过不同铺装材料的运用，可以划分功能区域，使行人辨别和区别出运动、休息、入座、聚集等标志
	组织空间	现代城市中的景观环境，由于其功能的复杂性，往往由多个小的空间组成。利用景观铺装加以区分，可以把它们根据需要组织成一个连贯的空间序列，从而将整个景观环境联结成一个有机的整体，同时也有利于人们感受空间的有序性与整体性
	引导人流	在区域功能比较复杂的空间中，有时需要借助一定的指示、引导性措施来组织人流。一般来讲，铺装的变化不宜过多，过于凌乱的变化会破坏居住区安宁的氛围，但铺装的适当变化却可以对行为进行良好的引导。舒适美观的路面鼓励人行走，而粗糙不舒适的路面可以传达拒绝人们穿越的空间语言，即不同铺地材质的变换可以表达功能的变化，起到引导人行为的作用
	警示、提醒注意	当行人、车辆进入某一特殊区域时，地面铺装的变化可以起到警示、提醒注意的作用。例如某些国家、地区的公交车专用车道，为了禁止其他车辆占道，采用颜色鲜艳的特殊材质进行铺装加以区别。另外，一些商业店铺或者私人住宅门前区域也能起到提醒注意的作用，将进入某私人所有的领域，如有必要请绕行等
艺术功能	满足人们的心理需求	科学合理的铺装能够充分体现人性化的设计原则，满足人们的生理、心理需求。室内空间是由地面、天花、墙壁组成的三要素空间。而外部空间则只具备地面和侧面，如同室内设计中地面的处理十分重要一样，城市中如果只有丰富多彩的建筑为合成的“墙面”而没有与之对应的地面，那将是不符合常理的
	满足人们的审美需求	在供儿童玩耍的小广场上，铺装可以使用适合于儿童心理的色彩和图案，突出欢快、富有乐趣的特点，不仅儿童们对这种铺装感到亲切、喜爱，就连成年人也会被这种铺装营造出的氛围感染，心情随着变得轻松、愉快；在商务写字楼的楼前区及楼间的空地上，理性化的铺装与环境相协调，给身处其中的人们这样一种环境信息：这里是现代化高效、快捷的办公场所，一切都应当井井有条，只适于通行而不适合逗留、驻足
	连接建筑物与环境	地面是建筑物与环境之间的连接体，它相当于一块巨大的底板，让具有各种颜色与质感的建筑如同一些模型，陈设于其上。因此，作为背景的底板——地面也应与建筑物具有同等的景观作用。在这种情况下，加强地面的铺装设计是十分必要的

间的底界面，使得城市景观环境完整、和谐。

（3）结合地方特色的铺装能够唤起城市居民高度的认同感与归属感，继承和发扬城市生活的优良传统。

（4）生态化的铺装适应当今世界的发展潮流，既美化了环境，又保持了生态的可持续发展，有利于居民的身心健康。

在景观设计中，铺装景观是不可忽略的重要组成部分，在营造空间的整体形象上具有极为重要的作用。我们在给景观铺装设计足够重视、合理运用各种艺术手法的同时，也要更加注重景观铺装的生态效应，达到功能性、艺术性和生态性的完美结合，实现空间景观资源的最大化利用。

第四节 设计案例：公共空间建筑外部设计（扫码下载案例）

案例二维码

本章小结

建筑外立面的设计结合建筑设计、艺术美学、环境和谐等方面于一体，实用综合性较强，所进行的设计要起到改善环境的作用，使人们的生活环境更加美丽。建筑外立面不仅能够为建筑物起到遮风挡雨的作用，同时也是文化的表征。当今时代的发展，艺术的表现形式趋向于多样化发展，使得人们的审美水平不断提高。建筑外立面的形式表达也要顺应时代的发展。建筑外立面是展现给人们的第一印象，它的好坏直接影响人们对建筑物的评价。

课后练习

1. 如何对新旧建筑外装饰进行协调？
2. 建筑外立面设计包含哪些元素？
3. 建筑外立面的设计原则是什么？
4. 建筑外立面的设计方法有哪些？
5. 外部地面铺装的作用是什么？
6. 考察当地市级政府建筑外观，指出外墙装饰材料有哪些？列出表格记录这些材料的名称、规格、特性、价格。

第八章

建筑环境绿化、小品设计

PPT 课件
（扫码下载）

» 学习难度：★★☆☆☆

» 重点概念：建筑环境、绿化小品、石景、水景

» 章节导读：建筑环境是城市环境中的重要组成部分。一组优秀的建筑作品可树立城市的良好形象，给人以美感。但硬质景观终究缺乏生气，若在建筑的外部空间合理地配置绿化植物，柔化其生硬且呆板的线条，那就更丰富了建筑的表现力。同时，将园林景观艺术用于建筑空间室内装饰逐渐发展起来。特别是在高层建筑和有室内空调的建筑中，将自然景物适宜地从室外移入室内，使室内拥有一定程度的园林气息，丰富了室内空间，活跃了室内气氛，从而自然地增强了人们的舒适感。

第一节　建筑环境绿化设计

一、建筑环境

建筑环境指广义的人造景观及其环境。它既包括建筑、构筑物环境，也包括园林中的假山、置石及道路、铺装地等。这种环境下的绿化往往难度较大，因为既要考虑景观上软、硬两种元素的协调，又要考虑每一种元素功能的发挥。而且，经常存在着种植环境条件较差，需要技术上予以支持等问题。

从建筑与绿化的关系来说，大体上可以把建筑分为三类。

1. 建筑占绝对的主体地位

绿化从高度来说无法与其抗衡，如城市中的小高层、高层建筑和摩天大楼等。对此而言，设计的重点在于绿化和建筑文脉上相关性的处理。

2. 单层、双层的小型建筑

如园林建筑小品等，这类建筑把绿化看成是其景观或功能的一部分，两者关系最密切。在此环境中。绿化与建筑的关系相当密切，设计时可把它们结合起来统一考虑。

3. 处于以上两种情况的中间者

如城市中的多层建筑，是城市中数量最多，处理起来最有难度的一种建筑。此类建筑环境中，绿化和建筑也密不可分，设计时既要考虑建筑与绿化的整体构成，又要注意建筑各局部的绿化问题。

二、植物景观对建筑环境的作用

1. 突出景观主体

许多园林景观就是以植物命题、以建筑为标志的。如杭州西湖十景之一的“柳浪闻莺”，在这个景点里，种植大量柳树以体现“柳浪”，但主景则是以“柳浪闻莺”碑亭和闻莺馆主体建筑作为标志。因此，碑亭和闻莺馆的植物配置，就可以将柳浪闻莺这一主题突出，使建筑与植物相得益彰。北京颐和园的知春亭小岛上栽植柳树与桃树，桃柳报春信，点出知春之意（图8-1）。

2. 协调建筑与周围的环境

绿化植物能使建筑突出的体量与生硬的轮廓“软化”在绿树环绕的自然环境之中。植物的枝条呈现一种自然美的曲线，园林中往往利用它的质感及自然的曲线，来衬托人工硬质材料构成的规则式建筑形体，这种对比更加突出两种材料的质感。一般体型较大、立面庄严、视线开阔的建筑物附近，要选用于高枝粗、树冠开展的树种；而在结构细致玲珑的建筑物四周，选栽叶小枝纤、树冠茂密的树种。如厦门植物园浅色的建筑掩映在浓绿的树林丛中，显得格外醒目、突出（图8-2）。

图8-1　知春亭

图8-2　厦门植物园

三、建筑环境景观绿化的常用手法与设计原则

1. 建筑环境绿化常用的手法

对景与借景、隔景与障景、诱导与暗示、渗透与延伸、尺度与比例及质地与肌理等原理与手法，在建筑绿化中惯用。

2. 建筑环境植物景观设计的原则

建筑环境与绿化景观存在着互为衬托、互为融合的关系。如果建筑周围配植绿化植物，应以建筑为主角，绿化植物为配景；若建筑处于绿色环境中，当然绿化植物为主角，建筑为配景。一般建筑与绿化的配合，有时以绿化植物来配合建筑，有时则以建筑去配合周围的景观植物（图8-3、图8-4）。

以绿化植物配合建筑时，要注意绿化植物的种类和色彩，以及它的造型；同时还要考虑绿化植物的形态与建筑造型的搭配。而坐落在风景区或公园中的建筑，则应配合绿化植物而成为点缀，常常掩映于绿色丛林中，使其藏而不挡视线，露而易显风采。

图8-3　建筑配合绿化

图8-4　绿化配合建筑

第二节　石景、水景、景观小品

一、石景设计

景观石是景观中起到点缀、美化景观作用的自身具有一定美感的石头，也称为园林石、风景石、观赏石。景观石用途广泛，在景观设计中随处可见其身影，如广场，企业、草坪、公园等周围。

在建筑装饰美化设计中，景观石的使用频率越来越高，景观石不仅美观实用，而且材料易得，几乎是无处不在。景观石用途广泛，在景观设计中随处可见其身影，如天井，草坪小径，泳池周围，栏杆，别墅地基，凉亭，门廊及其他建筑都需要景观石来装饰美化，起点睛之笔（表8-1）。

石头作为借景、对景及障景等景观手法使用时，要符合中国人的审美情趣。如石头的摆放要主次分明、疏密有致。每组石景要有主峰和次峰相互配合，否则没有重点，会让人感觉一盘散沙，像个采石场。石头要“似有飞舞势”。“势”体现了石

表8-1　景观石的应用方式及特点

方式	特点
孤赏石景	选古朴秀丽、形神兼备的湖石、斧劈石、石笋石等置于庭园主要位置中，供入观赏，带有相当的旨趣。往往成为建筑环境中的一景。石作为主景，在环境中被赋予一定的目的和感情色彩，使石具有独特的艺术感染力，吸引人们观赏
散点石景	散置于路旁、水边、林下、山麓台阶边缘、建筑物角隅，配合地形，植以花木有时成为自然的几凳，有时成为盆栽的底座，有时又成为局部高差、材质变化的过渡，是一种非常自然的点缀和提示
踏步石景、汀步石景	用石做踏步、汀步，具有划分空间、丰富地面、水面景观和引导游览路线的双重功能
驳岸石景	用石，或沿水面，或沿高差变化山麓堆叠，高低错落，前前后后变化，起驳岸作用，也作挡土墙，同时使之自然、美观
水石相接	以地形为依据，堆石，引水由上而下，形成瀑布跌水。这种做法俗称“土包石”，是目前最常见的假山景做法。自然式瀑布尽量遮掩人工的痕迹，着重体现一种天然的韵味
雕塑石景	指有花岗岩、砂石、大理石等天然石料或人造石料制成的雕塑。在绿化建设中此手法被经常使用

头形体的力量感和动感，给人以美的联想。

选用的石头应有健康之美。中国传统园林中对太湖石的要求是瘦、皱、漏、透，这是古代文人希望用人工的手法来刻意形成自然界偶然生成的造型。但是，当代中国的社会结构、经济体系等与古代已经有了巨大的变化，人们更加追求原生态的、自然的健康之美。我们在设计中应该尽量保留石头原始的状态，不要过多地人为加工和修饰，这就是“健康之美”（图8-5）。

二、水景设计

1. 水景类型

（1）自然水景。充分利用项目地块周边的自

（a）

（b）

图8-5　石头的原始美

图8-6　自然水景

然江、河、湖泊的水景资源，进行规划布局（图8-6）。

（2）人工水景。在建筑环境内开挖各类人工水景，将无水之地创造出特定的水景效果（图8-7）。水景规模有大有小，有的以水景为主体，有的以水景为点缀。

（3）自然与人工相结合的水景。将周边自然水景引入建筑环境内，与开挖的人工水体贯通，形成活水，使其更有天然之趣。

2. 水景形态类别

（1）水体形态。除了以自然水景的江、河、湖泊等形态分类外，人工水景也有微缩观景式的湖、河、溪、泉、瀑、池、渠等分类。巧妙构思、综合运用和取舍这些形态，便能构成特有的、与众不同的水景效果。

（2）驳岸形态。按其驳岸形态分类则有自然式的不规则的植被驳岸和参差不齐的岩石驳岸，如山涧、溪流、石泉、叠瀑等这一类；也有砌筑得整齐划一，成几何式驳岸的人工水景，如喷泉、水池、水渠、泳池等另一类。上述两大类各有特色、各为不同的环境主题和建筑风格服务。水景与建筑、与空间、与绿化景观的互相协调，和谐统一，

图8-7　人工水景

是水景设计的关键。水体大小、具体形态必须与上述环境构成要素统筹规划、布局。否则便会破坏环境空间的整体协调之美，给人以互相冲突、不伦不类之感。

3. 水景审美取向

（1）西式水景。即借鉴西方传统园林的水景处理手法，以规整有序的几何式构图来规划水景形态。如圆形、矩形、渠形等，并设计出各类喷泉造型，以及瀑布水幕墙（图8-8）。

（2）中式水景。中式水景即充分借鉴中国古典园林，尤其是江南园林的水景表现手法，以师法自然，以小见大的仿自然形态，形成湖、溪、瀑、潭、泉、涧等水景效果。给人以更多的“宛若天成”的自然感受（图8-9）。

三、景观小品

随着时代的发展，居住环境的改善，人们不仅渴望室内居住环境的改变，同时希望外部环境更加协调、舒适。现代景观建筑小品已经逐渐成为城市公共空间不可或缺的一部分，景观小品不仅丰富着城市景观，美化人们生活，而且提高了城市的品位和人们生活的精致程度（图8-10）。

1. 力求与环境有机结合

景观小品作为一种实用性与装饰性相结合的艺术品，不但要具有很高的审美功能，更重要的是它应与周围环境相协调，与之成为一个系统整体。景观小品的应用总是处于一定环境的包容中，所以人们看到一个景观小品不只是它本身，而是这件小品与周围环境所共同形成的整体的艺术效果。在设计与配置景观小品时，要整体考虑其所处的环境和空间模式，保证景观小品与周围环境和建筑之间做到和谐、统一，避免在形势、风格、色彩上产生冲突和对立。

2. 实现艺术与文化的结合

景观小品要在建筑环境中起到美化环境的作用，审美功能是第一属性，景观小品通过本身的造型、质地、色彩、肌理向人们展示其形象特征，表达某种情感、满足人们的审美情趣，同时也应表现一定的文化内涵。

景观小品的文化性体现在地方性和时代性当

图8-8　西式水景

图8-9　中式水景

（a）

（b）

图8-10　景观小品

中。它的创造过程就是对这些文化内涵不断升华、提炼的过程，反映了一个地区自然环境、社会生活、历史文化等方面的特点。景观小品的文化特征反映在其形象上，因其周围的文化背景和地域特征而呈现出不同的设计风格。景观小品所处的建筑室外的环境空间只有注入了主题和支脉才能成为一个真正的有机空间。

3. 满足人们的行为和心理需求

景观小品设计的目的是为了直接服务于人，人是环境的主体，人的习惯、行为、性格、爱好都决定了对空间的选择。所以，景观小品的设计必须“以人为本”，从人的行为、习惯出发，以合理的尺度、优美的造型、协调的色彩、恰当的比例、舒适的材料质感来满足人们的活动需求。

4. 满足功能的需求和技术层面的提升

景观小品的创作与建立，具有一定的功能性和技术性。技术是体现设计的保障，技术层面要求考虑景观小品广泛设置的经济性和可行性，要便于管理、清洁和维护，还要做到尊重自然发展过程，倡导能源和物质的循环利用及其自我维护。设计时还要注意防水、防锈蚀、防爆和便于维修等各种技术问题。

5. 原始材料与新材料的使用

利用先进的科技、新的思维方式，创作出的景观小品不同于以往的风格与形式。优秀的设计作品不是对传统的简单模仿和生搬硬套，而是将悠久的园林文化、地方特色与现代生活需要和美学价值很好地结合在一起，并在此基础上进行提高和创新的作品，使景观小品形成别具一格的风貌特色。

形式创新的同时应当积极进行材料、技术创新，当今景观小品的材料、色彩呈现多样化的趋势，石材、木材、竹藤、金属、铸铁、塑胶、彩色混凝土等不同材料的广泛应用，给景观小品带来了一片崭新的天空。只有不断创造出个性化、艺术化、富于创新的设计，才能适合时代的进步。

第三节　设计案例：建筑景观绿化小品设计（扫码下载案例）

案例二维码

本章小结

本章主要介绍了建筑环境中的装饰要素，包括绿化设计、石景设计、水景设计以及景观小品等内容。在建筑环境装饰中，绿化设计处于主要地位，绿化是多种功能的协调一致，综合发挥，并结合石景、水景与景观小品等，达到各施所长，交融一体。建筑环境装饰所发挥的效益，主要是生态效益、审美效益和社会效益，同时也会产生经济效益。

课后练习

1. 什么是建筑环境？
2. 植物景观对建筑环境有什么作用？
3. 建筑环境景观绿化要遵循的设计原则是什么？
4. 常见的绿化手法有哪些？
5. 现代建筑环境设计中，石景设计需要注意哪些要点？
6. 水景设计的原则是什么？
7. 小品设计在建筑环境中有什么作用？
8. 在现代建筑装饰环境中，最能表现中国特色与时代文明的雕塑小品有哪些？自行拍摄或上网查找图片，收集20～30件雕塑小品归类存档。

参考文献

REFERENCE DOCUMENTS

[1] 尹定邦．设计学概论［M］．长沙：湖南科学技术出版社，2009．
[2] 姚美康．建筑设计基础［M］．北京：北京交通大学出版社，2007．
[3] 言华．景观建筑小品设计500例——水景、园路铺装、景墙［M］．北京：中国电力出版社，2014．
[4] 丁沃沃，刘铨．建筑设计基础［M］．北京：中国建筑工业出版社，2014．
[5]（西）克劳埃尔．装点城市：公共空间景观设施［M］．高明，刘丹春，译．天津：天津大学出版社，2010．
[6] 杨清平．公共空间设计：第2版［M］．北京：北京大学出版社，2012．
[7] 吴玲．地被植物与景观［M］．北京：中国林业出版社，2007．
[8] 钱芳兵，刘媛．家具设计［M］．北京：中国水利水电出版社，2012．
[9] 徐望霓．家具设计基础［M］．上海：上海人民美术出版社，2008．
[10] 黄金凤，杨洁．居住建筑装饰设计［M］．南京：东南大学出版社，2011．
[11] 王秀静，冯美宇．建筑装饰设计［M］．北京：科学出版社，2018．